University Computer Information
Technology Training Guide

大学计算机
信息技术实训指导

主　编　李汝光

南京大学出版社

图书在版编目(CIP)数据

大学计算机信息技术实训指导 / 李汝光主编. —南京:南京大学出版社,2017.8(2020.9重印)

ISBN 978 - 7 - 305 - 19095 - 7

Ⅰ. ①大… Ⅱ. ①李… Ⅲ. ①电子计算机－高等学校－教材 Ⅳ. ①TP3

中国版本图书馆 CIP 数据核字(2017)第 185230 号

出版发行 南京大学出版社
社　　址 南京市汉口路 22 号　　　　邮　　编 210093
出 版 人 金鑫荣

书　　名 **大学计算机信息技术实训指导**
主　　编 李汝光
责任编辑 吴 汀 单 宁 吴宜锴　　编辑热线 025 - 83595860

照　　排 南京开卷文化传媒有限公司
印　　刷 南京人文印务有限公司
开　　本 787×1092 1/16　　印张 13.75　字数 335 千
版　　次 2017 年 8 月第 1 版 2020 年 9 月第 6 次印刷
ISBN 978 - 7 - 305 - 19095 - 7
定　　价 38.00 元

网　　址:http://www.njupco.com
官方微博:http://weibo.com/njupco
官方微信号:njupress
销售咨询热线:(025)83594756

前　言

随着信息技术快速发展,计算机在现代化办公中的应用不断普及,熟悉并掌握计算机信息处理技术的基本知识和技能已经成为当今社会每个人适应本职工作的基本素质。这是适应社会发展的必备条件之一,也是各企业考核员工的标准之一。学习计算机知识和办公应用软件已经成为我国乃至世界的一种潮流,本书就是以目前电脑办公中最常用的应用软件 Office 2010 为基础进行相关教学实训的一部教材,侧重于培养学生实际操作能力。

本书是按照江苏省计算机一级 B 等级考试最新大纲编写,以训练学生的计算机实践能力为出发点。书中采用的操作示例既是办公软件应用必须掌握的技能,又体现了计算机等级考试的操作考核要求。本书力求使广大读者通过学习,不仅掌握计算机操作技能,又能够准确地把握计算机一级 B 等级考试的要求和特点,从而可以轻松地通过考试获取计算机等级证书。

本书内容包括 Word 2010 文字处理、Excel 2010 电子表格应用、PowerPoint 2010 演示文稿制作、Office 2010 综合实验四部分。每章都列举了大量的实例,各实例操作步骤详实、条理清晰、实用性强。每章还配有上机操作题和实践提高题,以帮助学生巩固和掌握所学的内容,提高个人的操作技能和综合应用能力。

此书可作为高职高专的教材,也可以作为参加计算机等级考试的培训教材,同时还可以作为办公人员学习常用办公软件的教材和自学参考书。本书适用不同层次的学生及办公人员,读者根据在实际工作中对电脑的使用范围和实际应用进行选择学习,能快速地掌握电脑办公软件的基本操作和计算机办公应用方面的知识。

本教材由李汝光、唐红雨、樊为民等编写。唐红雨、樊为民、许学军三位副教授在百忙之中仔细地审阅了全书,在此表示衷心地感谢。

本书在编写、定稿过程中始终得到单宁、朱伟民两位老师的关心、支持和帮助,在此表示衷心的感谢。

由于时间仓促,编者水平有限,书中难免存在缺点和错误,殷切希望广大读者批评指正。在使用过程中如有疑问,请发电子邮件至 lrg@zjc.edu.cn 或者 lry@zjc.edu.cn。

编　者

目　录

2

第一章 文字处理软件 Word 2010

1.1 本章概述

Word 历来都是 Office 的重要组件，在 Office Word 2010 中，由于更多新特性的加入，用户的办公效率得以很大程度的提升。从整体特点上看，Word 2010 丰富了人性化功能体验，改进了用来创建专业品质文档的功能，为协同办公提供了更加简便的途径；同时，云存储使得用户可以随时随地访问到自己的文件。以下对 Word 2010 中的新特性具体介绍。

1. 改进的搜索和导航体验

利用 Word 2010，可更加便捷地查找信息。利用改进的查找功能，用户可以按照图形、表、脚注和注释来查找内容。改进的导航窗格提供了文档的直观表示形式，这样就可以对所需内容进行快速浏览、排序和查找。

2. 同步工作

Word 2010 重新定义了人们一起处理某个文档的方式。利用共同创作功能，用户可以在编辑论文的同时与他人分享自己的思想观点。对于企业和组织来说，Word 2010 与 Office Communicator 联合，用户能够查看与其一起编写文档的某个人是否空闲，并在不离开 Word 的情况下轻松启动会话。

3. 几乎可在任何地点访问和共享文档

联机发布文档后，通过计算机或基于 Windows Mobile 的 Smart phone 能随时随地访问、查看和编辑这些文档。通过 Word 2010，用户可以在多个地点和多种设备上获得一流的文档体验。当在办公室、住宅或学校之外通过 Web 浏览器编辑文档时，不会削弱用户已经习惯的高质量查看体验。

4. 向文本添加视觉效果

利用 Word 2010，用户可以向文本添加图像效果（如阴影、凹凸、发光和映像），也可以对文本进行格式设置，使文字和图像实现无缝拼接。视觉效果的操作快速、轻松，只需单击几次鼠标即可完成。

5. 文本转化为图表

利用 Word 2010 提供的更多选项，可将视觉效果添加到文档中。用户可以从新增的 SmartArt 图形中选择合适的模板，以在数分钟内构建出令人印象深刻的图表。SmartArt 中的图形功能同样也可以将选中的文本转换为引人注目的视觉图形，以便更好地展示创意。

6. 向文档加入视觉效果

利用 Word 2010 中新增的图片编辑工具，无需其他照片编辑软件，即可插入、剪裁和添加图片特效。同时，用户还可以更改颜色饱和度、色温、亮度以及对比度，以轻松地将简单文档转化为艺术作品。

7. 恢复已丢失的工作

是否有人曾经在某文档中工作一段时间后，不小心关闭了文档却没有保存？没关系。Word 2010 可以让用户像打开任何文件一样恢复最近编辑的草稿，即使没有保存该文档。

8. 跨越沟通障碍

利用 Word 2010，可以轻松实现不同语言的沟通交流，翻译单词、词组或文档。可对屏幕提示、帮助内容和显示内容分别进行不同的语言设置，甚至可以将完整的文档发送到网站进行并行翻译。

9. 将屏幕快照插入到文档中

利用此功能可以快捷地捕获可视图示，并可将其合并到工作文档中。当跨文档重用屏幕快照时，利用"粘贴预览"功能，可在放入所添加内容之前查看其外观。

10. 利用增强的用户体验完成更多工作

Word 2010 简化了用户使用功能的方式。新增的 Microsoft Office Backstage 视图替换了传统文件菜单，用户只需单击几次鼠标，即可保存、共享、打印和发布文档。利用改进的功能区，可以快速访问常用的命令，并创建自定义选项卡，使其符合个人的工作风格需要。

本章以中文版 Word 2010 工具，通过"制作电子板报"、"Word 综合排版"二个案例，介绍了 Word 2010 的自动检查拼写错误、绘图功能的应用，页面、页眉页脚、分栏的设置，文字、段落的排版等。本章意在提高对 Word 软件的综合应用水平。

1.2　常用操作知识点

1.2.1　页面设置

在"页面布局"选项卡上，单击"页面设置"对话框启动器，弹出"页面设置"对话框，如图 1-1 所示。

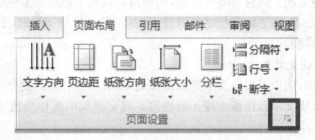

图 1-1　单击"页面设置"对话框

在该对话框中包含了页边距、纸张、版式、文档网格四个选项卡，它们都是为整个页面排版布局而服务的。

1. 页边距选项卡

在页边距选项卡中可以设置或调整文本距纸张的上、下、左、右的距离，以及装订线的位置、边距的值，如图 1-2 所示。

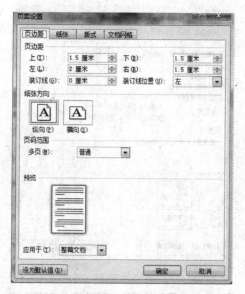

图 1-2　"页面设置"对话框的"页边距"选项卡

2. 纸张选项卡

在纸张选项卡中可以设置纸张的大小等,如图 1-3 所示。常用的纸张大小有 16 开 (18.4 厘米×26 厘米)、A4(21 厘米×29.7 厘米)等。如对系统预置的纸张大小不满意可自定义纸张大小,自行设置纸张的宽度和高度。

图 1-3　"页面设置"对话框的"纸张"选项卡

3. 版式选项卡

在版式选项卡中,可以对页眉和页脚设置"奇偶页不同"和"首页不同",以及改变页眉页脚距边界的距离,如图 1-4 所示。

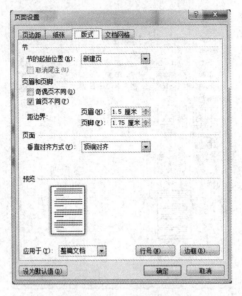

图1-4　"页面设置"对话框的"版式"选项卡

4. 文档网格选项卡

在文档网格选项卡中可以设置"只指定行网格"或"指定行和字符网格"（即指定每页的行数、每行的字符数）等，如图1-5所示。

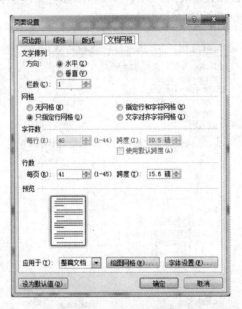

图1-5　"页面设置"对话框的"文档网络"选项卡

💡 说明：

若将文档网格设置为"文字对齐字符网络"，则段落对齐方式功能失效。

1.2.2　查找和替换

在"开始"选项卡上的"编辑"组中，单击"查找"旁边的箭头，然后单击"高级查找"，如图

1-6 所示。

图 1-6　单击"高级查找"按钮

在该对话框中包含查找、替换和定位三个选项卡,可对文字、格式、段落标记、分页符等进行查找和替换,也可以使用通配符和代码来扩展搜索,以提高编辑的效率。

1. 查找选项卡

查找选项卡中,在"查找内容"下拉列表框中输入需要查找的内容或选择列表框中最近用过的内容,单击"查找下一处"按钮可对文本进行查找,如图 1-7 所示。

图 1-7　"查找和替换"对话框的"查找"选项卡之一

在"查找和替换"对话框中单击"更多"按钮,即会弹出如图 1-8 所示的对话框,在下方显示以下多项设置。

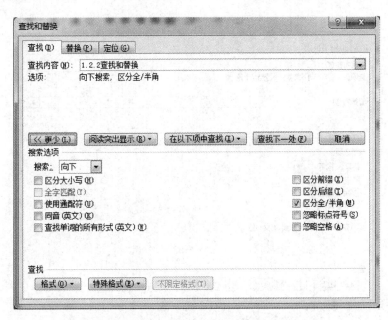

图 1-8　"查找和替换"对话框的"查找"选项卡之二

搜索:选择文本查找的方向,可选择"向上"、"向下"或者"全部"。

区分大小写：此项被选中时，区分大写和小写字符。

全字匹配：搜索与查找内容完全一致的完整单词。

使用通配符：此项被选中时，"?"、"＊"表示通配符。"?"表示一个任意字符，"＊"表示任意多个任意字符。

同音（英文）：查找与目标内容发音相同的单词。

查找单词的所有形式：选中此项，可找到查找文本框中单词的现在时、过去时、复数等所有形式。

区分前缀：查找与目标内容开头字符相同的单词。

区分后缀：查找与目标内容结尾字符相同的单词。

区分全/半角：此项被选中时，区分字符的全角和半角形式。

忽略标点符号：在查找目标内容时忽略标点符号。

忽略空格：在查找目标内容时忽略空格。

"格式"按钮：根据字体、段落、制表位等格式进行查找。

"特殊格式"按钮：根据制表符、段落标记等特殊字符进行查找。

"不限定格式"按钮：清除在"查找内容"下拉列表框下面显示的"格式"搜索条件。

2. 替换选项卡

替换选项卡如图1-9所示，在"查找内容"下拉列表框中输入替换之前的内容，在"替换为"下拉列表框中输入替换之后的内容或选择列表框中最近用过的内容。单击"全部替换"按钮，可以用新内容替换所有原来的内容。如果要实现有选择的替换，可以先单击一次"查找下一处"按钮，找到被替换的内容，若想替换则单击"替换"按钮；若不想替换则继续单击"查找下一处"按钮，如此反复即可。

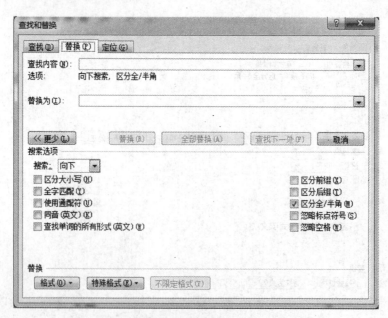

图1-9　"查找和替换"对话框的"替换"选项卡

如需查找有格式的文本，在"查找内容"下拉列表框中输入替换之前的内容，再单击"格式"按钮,然后选择所需格式。

如需替换成有格式的文本,在"替换为"下拉列表框中输入替换之后的内容,再单击"格式"按钮,然后选择所需格式。

💡 **说明:**

在将文本替换成有格式的文本时,注意替换之前的内容和替换之后的内容格式是否符合要求。如将无格式文字"Word 2003"替换成红色、黑体"Word 2003",则必须先选中"替换为"下拉列表框中文字"Word 2003",再进行格式设置。如若误设置了"查找内容"下拉列表框中文字"Word 2003"的格式,则无法进行替换。此时,需先选中"查找内容"下拉列表框中文字"Word 2003",单击"不限定格式"按钮,重新设置"替换为"下拉列表框中文字"Word 2003"格式。

1.2.3　页眉和页脚

页眉是位于版心上边缘与纸张边缘之间的图形或文字,而页脚则是版心下边缘与纸张边缘之间的图形或文字。页眉和页脚常常用来插入标题、页码、日期等文本,或公司徽标等图形、符号。用户可以根据自己的需要,对页眉和页脚进行设置。比如插入页码、插入图片、对奇数页和偶数页进行不同的页眉和页脚设置,还可以将首页的页眉或页脚设置成与其他页不同的效果等。

在"插入"选项卡上的"页眉和页脚"组中,单击"页眉"或"页脚",添加页眉或页脚,如图1-10所示。

图1-10　单击"页眉"或"页脚"

Word 2010 中已经内置了若干页眉或页脚样式,可从中选择一种样式进入页眉或页脚编辑状态。也可以选择"编辑页眉"或"编辑页脚"按钮,进入页眉和页脚编辑状态。在页眉和页脚编辑状态下,将打开"页眉和页脚工具"下的"设计"选项卡,如图1-11所示。

图1-11　"页眉和页脚工具"下的"设计"选项卡

用户可以直接在页眉或页脚区输入相应的内容,输入完成后,单击选项卡中的"关闭页眉和页脚"按钮即可。

💡 **说明:**

若要设置"首页不同"的页眉和页脚,在"页眉和页脚工具"下的"设计"选项卡的"选项"组中,选中"首页不同"复选框。

若要设置"奇偶页不同"的页眉和页脚,在"页眉和页脚工具"下的"设计"选项卡的"选项"组中,选中"奇偶页不同"复选框。

若要设置自定义页眉和页脚,如第 X 页,共 Y 页。可先输入"第"和一个空格,在"页眉和页脚工具"下的"设计"选项卡的"插入"组中,单击"文档部件",然后单击"域",如图 1－12所示。

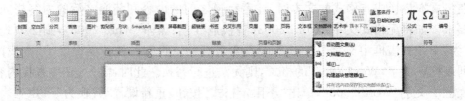

图 1－12　"文档部件"下的"域"按钮

在"域名"列表中,单击"Page",再单击"确定"。在该页码后键入一个空格,再依次键入"页"、逗号、"共",然后再键入一个空格。在"页眉和页脚工具"下的"设计"选项卡的"插入"组中,单击"文档部件",然后单击"域"。在"域名"列表中,单击"NumPages",然后单击"确定"。在总页数后键入一个空格,再键入"页"。

若要设置页眉距离顶端或页脚距离底端的高度,可在其后的微调框中进行设置。若要设置页眉或页脚的对齐方式,单击"页眉和页脚工具"下的"设计"选项卡的"位置"组中的"插入'对齐方式'选项卡",在打开的"对齐方式选项卡"对话框中进行设置,如图 1－13所示。

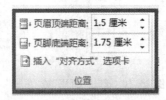

图 1－13　"页眉和页脚工具"下的"设计"选项卡的"位置"组

若要设置不同节之间不同的页眉和页脚,可以通过在文档中插入"分节符"设置不同的页眉和页脚。

单击分节符插入点,再单击"页面布局"选项卡的"页面设置"组中的"分隔符"按钮,在下拉列表的"分节符"选项组中,选择"下一页"、"连续"、"偶数页"或"奇数页"选项插入分节符。在每一个需要设置不同页眉和页脚的位置都必须插入分节符。

双击页眉或页脚区域,进入页眉或页脚编辑状态,在首页输入页眉和页脚信息,此时整篇文档都会应用该信息,不同节的页眉或页脚中会提示"与上一节相同"。选择要改变页眉和页脚信息的页面,将光标定位在页眉或页脚中,单击"页眉和页脚工具"下的"设计"选项卡的"导航"组中的"链接到前一条页眉"按钮,则页眉和页脚中"与上一节相同"的提示信息消失,此时可以编辑修改页眉和页脚。

若要删除页眉和页脚,选择页眉和页脚,按 Delete 键即可。

1.2.4　页码

在页眉和页脚中可以添加页码,若只需要页码,不需要其他内容,在"插入"选项卡上的

"页眉和页脚"组中,单击"页码",如图 1-14 所示。

图 1-14　单击"页码"

Word 2010 中已经内置了若干页码样式,可在弹出的下拉列表中选择一种页码类型,如"页面底端"选项,再在弹出的列表中选择一种页码样式,如"普通数字 3"样式,即可在文档中插入页码。若需要设置页码格式,可在弹出的下拉列表中选择"设置页码格式"按钮,打开"页码格式"对话框,如图 1-15 所示。

图 1-15　"页码格式"对话框

单击"编号格式"右侧的下拉列表框,可以选择一种页码的格式。在"起始页码"右侧的微调框中可以设置文档的起始页码。

若要设置"页码"的对齐方式,在"开始"选项卡上的"段落"组中,单击"左对齐"、"右对齐"或"居中"按钮进行选择,如图 1-16 所示。

图 1-16　"开始"选项卡的"段落"组中的对齐方式按钮

若要删除页码,选择页码,按 Delete 键即可。

1.2.5　尾注和脚注

脚注和尾注主要用于为文档中的文本提供解释、批注以及相关的参考资料。脚注一般出现在文档中每一页的底端,尾注一般出现在本节的结尾或文档的结尾。

在"引用"选项卡上,单击"脚注"对话框启动器,弹出"脚注和尾注"对话框,如图1-17所示。

图 1-17　单击"脚注"对话框启动器

在"脚注和尾注"对话框中可以根据需要选择"脚注"或"尾注"单选按钮,从而设置脚注或尾注。同时还可以设置编号的格式,并可以确定起始编号,以及设置编号是否要连续排列等选项,如图 1-18 所示。

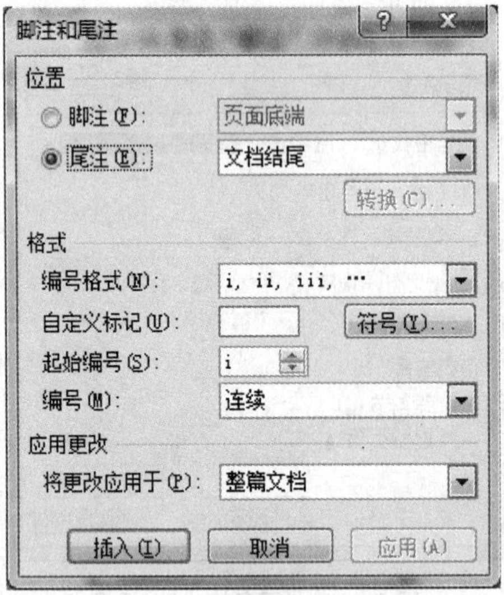

脚注和尾注

位置

○ 脚注(F)：　页面底端

● 尾注(E)：　文档结尾

　　　　　　　　转换(C)...

格式

编号格式(N)：　i, ii, iii, …

自定义标记(U)：　　　　符号(Y)...

起始编号(S)：　i

编号(M)：　连续

应用更改

将更改应用于(P)：　整篇文档

插入(I)　　取消　　应用(A)

图 1-18　"脚注和尾注"对话框

编辑脚注或尾注:用鼠标双击某个脚注或尾注的引用标记,打开脚注或尾注窗格,然后在窗格中对脚注或尾注进行编辑操作。

删除脚注或尾注:用鼠标双击某个脚注或尾注的引用标记,打开脚注或尾注窗格,然后在窗格中选定脚注或尾注后按 Delete 键。

1.2.6　字体

选取需要设置字体的文本,在"开始"选项卡上,单击"字体"对话框启动器,弹出"字体"对话框,如图 1-19 所示。

图 1-19　单击"字体"对话框启动器

在该对话框中包含了"字体"、"高级"两个选项卡,通过设置文档的字符格式,可以使文章更加美观。

1. "字体"选项卡

在"字体"选项卡中,可以设置字符的中文字体和西文字体,也可以设置字符的加粗和倾斜。字号用来设置字符的大小,字号的设置有两种:① 字号的设置由初号到八号,号值越大,字越小;② 用磅值(5～72)表示字符的大小,磅值越大,字越大。还可以设置字体颜色、下划线类型、是否加着重号等。"效果"栏下方的多个复选框可为字符设置特殊格式,例如,可设置数学公式的上下标等,如图 1-20 所示。

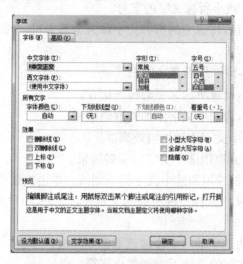

图 1-20 "字体"对话框的"字体"选项卡

2. "高级"选项卡

在"字体"对话框中"高级"选项卡可以设置字符间距,如图 1-21 所示。

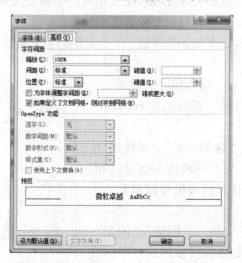

图 1-21 "字体"对话框的"高级"选项卡

"缩放"框可横向扩展或压缩文字,"间距"框可扩展或压缩字符间距,"位置"框可提升或降低文字位置。

💡 说明:

如果需要设置字符的缩放比例不是预设的缩放比例,用户可自行键入缩放比例。

字体的设置也可以通过字体组中的相应按钮进行设置。"字体"组中各个按钮的含义如下。

宋体(中文正▾:"字体"按钮,设置所选文字的字体。

五号　▾:"字号"按钮,设置选定文字的字号。

A˄:"增大字体"按钮,增大所选文字的字号。

A˅:"缩小字体"按钮,减小所选文字的字号。

Aa:"更改大小写"按钮,将选中的所有文字改为全部大写、全部小写或其他常见的大小写形式。

:"清除格式"按钮,清除所选文字的格式。

wén:"拼音指南"按钮,设置所选文字的标注拼音。

A:"字符边框"按钮,为选中文字添加或取消边框。

B:"加粗"按钮,为选中文字添加加粗效果。

I:"倾斜"按钮,添加或取消选中文字的倾斜效果。

U:"下划线"按钮,添加或取消选中文字的下划线。单击按钮右侧的下三角按钮会弹出"下划线类型"下拉列表,从中选择一种所需的下划线。此外,用户还可利用该工具的下拉列表设置下划线的颜色。

abe:"删除线"按钮,为选中的文字添加或取消删除线。

x₂:"下标"按钮,在文字的基线下方创建小字符。

x²:"上标"按钮,在文字的基线上方创建小字符。

A:"文本效果"按钮,对所选文本应用外观效果,如阴影、发光和映像等。

:"以不同颜色突出显示文本"按钮,使文字看上去像是用荧光笔作了标记一样。单击右侧的下三角按钮,可在弹出的列表中设置所需的颜色。

A:"字体颜色"按钮,更改文字的颜色。单击右侧的下三角按钮,可以在弹出的颜色下拉列表中选择颜色。

A:"字符底纹"按钮,对字符添加底纹背景。

ⓒ:"带圈字符"按钮,在字符周围放置圆圈或边框,加以强调。

在"字体组"中需要重点强调的是"文本效果"按钮A,该选项提供了阴影、发光和映像等效果,如图1-22所示。这也是今后计算机等级考试重要的考核点。

Word 2010 中取消了"空心"、"阴影"、"阳文"、"阴文"等字体效果选项,如果需要使用这些字体效果,可以将 Word 2010 文档另存为 Word 2003 文档,以兼容模式运行即可。

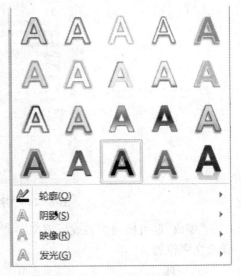

图1-22　"文本效果"按钮

1.2.7　段落

选取需要设置格式的段落,在"开始"选项卡上,单击"段落"对话框启动器,弹出"段落"对话框,如图 1-23 所示。

图 1-23　单击"段落"对话框启动器

在该对话框中包含了"缩进和间距"、"换行和分页"、"中文版式"三个选项卡,通过设置文档中的段落格式,可以使文章整体更加美观。

"缩进和间距选项卡"如图 1-24 所示。

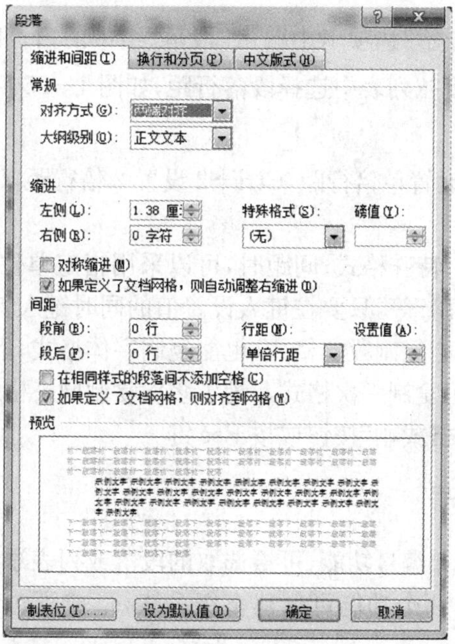

图 1-24　"段落"对话框的"缩进和间距"选项卡

在常规栏下方,通过"对齐方式"下拉列表框设置段落的对齐方式,也可以通过"开始"选项卡的"段落"组中对齐按钮 ▤ ▤ ▤ ▤ ▤ 设置。

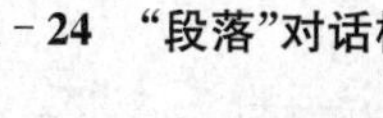

段落有 5 种对齐方式:① 左对齐:将文本向左对齐;② 右对齐:将文本向右对齐;③ 两端对齐:调整文字的水平间距,使其均匀分布在左右页边距之间,两端对齐使两侧文字具有整齐的边缘;④ 居中对齐:将所选段落的各行文字居中对齐;⑤ 分散对齐:将所选段落的各行文字均匀分布在该段左、右页边距之间。

在缩进栏下方的"左"和"右"微调框中可以设置左右缩进。在"特殊格式"下拉列表框中可设置首行缩进和悬挂缩进,也可以利用水平标尺上的缩进按钮设置段落缩进。

段落的缩进包括 4 种方式:① 左缩进:设置段落与左页边距之间的距离;② 右缩进:设

置段落与右页边距之间的距离;③ 首行缩进:段落中第一行缩进;④ 悬挂缩进:段落中除第一行之外其他各行缩进。

单击"开始"选项卡"段落"组的"减少缩进量"按钮 或"增加缩进量"按钮 ,单击一次,所选文本段落的所有行就减少或增加一个汉字的缩进量。

在间距栏下方的"段前"和"段后"微调框中,可设置段前和段后的空白间距。在行距下拉列表框中可设置行距。

预设的行距有 6 种:① 单倍行距:此选项将行距设置为该行最大字体的高度加上一小段额外间距,额外间距的大小取决于所用的字体;② 1.5 倍行距:此选项为单倍行距的 1.5 倍;③ 双倍行距:此选项为单倍行距的两倍;④ 最小值:此选项设置适应行上最大字体或图形所需的最小行距;⑤ 固定值:此选项设置固定行距(以磅为单位);⑥ 多倍行距:此选项设置可以用大于 1 的数字表示的行距,例如将行距设置为 1.15 会使间距增加 15%,将行距设置为 3 会使间距增加 300%(三倍行距)。

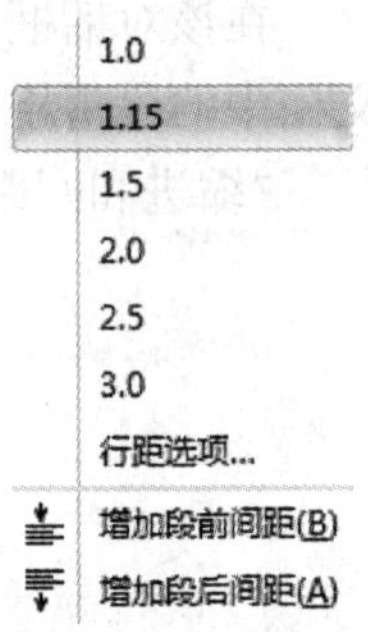

用户还可以通过在"开始"选项卡中单击"段落"组中的"行和段落间距"按钮 ,在弹出的下拉列表中选择段落行距,如图 1-25 所示。

💡 说明:

通过快捷键 Ctrl+1 设置单倍行距,Ctrl+2 设置 2 倍行距,Ctrl+5 设置 1.5 倍行距。

图1-25　行间距设置

设置段落的左右缩进、特殊格式、间距时,可以采用指定单位,如左右缩进用"厘米"、首行缩进用"字符"、间距用"磅"等,只要在键入设置值的同时键入单位即可。

使用"格式刷"按钮既能复制段落格式,也能复制字体格式,但不能复制文字内容。

单击"格式刷"按钮,可复制一次格式。为了多次复制同一格式可以双击"格式刷"按钮。取消格式刷设置,可单击"格式刷"按钮或按 Esc 键。

1.2.8　项目符号和编号

Word 2010 项目符号和编号功能,可给选取的段落或列表添加项目符号和编号,使文章易于阅读和理解。利用这两个功能可创建多级列表,形成既包含数字又包含项目符号的列表。

1. 项目符号

选取需要添加项目符号的段落,在"开始"选项卡上的"段落"组中,单击"项目符号"按钮,如图 1-26 所示。

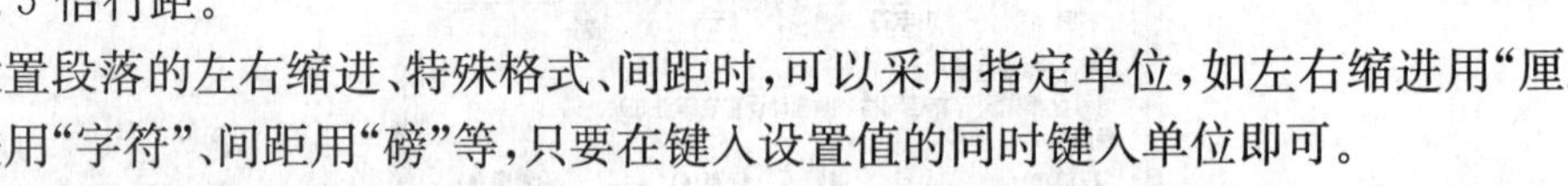

图1-26　单击"项目符号"

Word 2010 中已经内置了若干"项目符号"样式,可从中选择一种项目符号样式。如对系统预设的"项目符号"样式不满意,可以定义"新项目符号"样式,如图 1-27 所示。

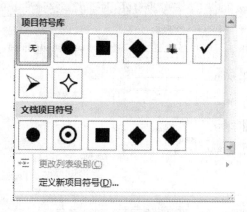

图 1 - 27 项目符号设置

2. 编号

选取需要添加编号的段落,在"开始"选项卡上的"段落"组中,单击"编号"按钮,如图 1 - 28 所示。

图 1 - 28 单击"编号"

Word 2010 中已经内置了若干"编号"样式,可从中选择一种编号样式。如对系统预设的"编号"样式不满意,可以定义"新编号格式"。

1.2.9 边框和底纹

为了突出文章中段落的视觉效果,将一些文字或段落用边框包围起来或附加一些背景修饰是文档排版编辑中的常用手段,Word 2010 将这些修饰称为边框和底纹。

选取需要添加边框或底纹的文本或段落,在"开始"选项卡中,单击"段落"组中的"下框线"右侧的按钮,如图 1 - 29 所示,在弹出的下拉列表中选择"边框和底纹"选项,弹出"边框和底纹"对话框。

图 1 - 29 单击"下框线"

在该对话框中包含了"边框"、"页面边框"、"底纹"三个选项卡。

1. "边框"选项卡

如图 1 - 30 所示,通过"设置"栏下方的五个按钮,可选择边框的样式,如方框、阴影和三维等。在"样式"列表框中,可选择某一线型,如单实线、虚线和双实线等。在"颜色"下拉列表框中,可选择某一种颜色。在"宽度"下拉列表框中,可选择线框宽度。通过"预览"栏下方的四个按钮,可以设置或取消四个边中的任意一边。在"应用于"下拉列表框中选择段落,设置段落的边框;如果选择文字,则可设置选取文字的边框。

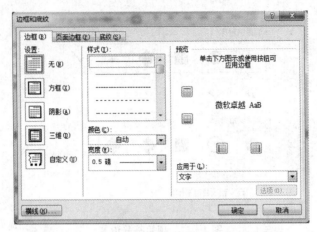

图 1-30　"边框和底纹"对话框的"边框"选项卡

💡 说明：

文字的四条边框只能同时添加或同时取消，段落四条边框可单独添加或取消，利用此方法可将页眉的底线设置为双线或三线。

2．"底纹"选项卡

如图 1-31 所示，在"填充"栏下方选择一种主题颜色或标准色，也可单击"其他颜色"按钮，通过对 RGB 三种颜色值的设置，自定义底纹颜色。在"图案"栏下方的"样式"下拉列表框中，选择一种显示在填充颜色上方的底纹图案，再在"颜色"下拉列表框中选择颜色。在"应用于"下拉列表框中选择段落，设置段落的底纹；如果选择文字，则可设置选取文字的底纹。

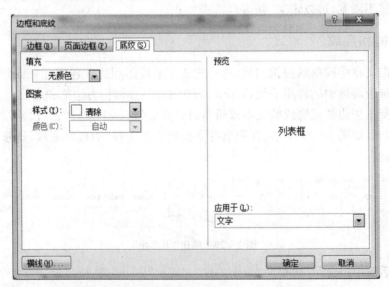

图 1-31　"边框和底纹"对话框的"底纹"选项卡

3．"页面边框"选项卡

"页面边框"的设置与段落边框的设置相似，如图 1-32 所示，在"页面边框"选项卡中多了一个"艺术型"下拉列表框，在"艺术型"下拉列表框中可选择一种图案作为页面的边框图案。设置完毕后，在"应用于"下拉列表框中选择应用的范围。

图 1-32　"边框和底纹"对话框的"页面边框"选项卡

1.2.10　分栏

　　为了美化版面的布局，杂志、报纸经常将一段或若干段文字按并列两排或多排显示，即对文字分栏排版。

　　选取需要设置分栏的段落，在"页面布局"选项卡中的"页面设置"组中单击"分栏"按钮，如图 1-33 所示。

图 1-33　单击"分栏"

　　Word 2010 中已经内置了若干分栏样式，可将段落分为一栏、两栏、三栏、偏左或偏右，如需分成更多栏，可单击"更多分栏"按钮，弹出"分栏"对话框，如图 1-34 所示。

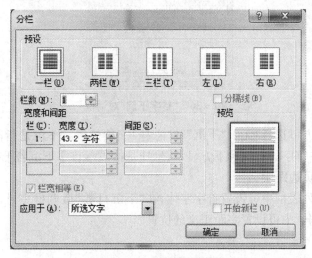

图 1-34　"分栏"对话框

通过"栏数"微调框设置可将段落分成多栏。当分成两栏或多栏时,若每一栏的宽度相等,可选中"栏宽相等"复选框,若各栏的宽度不等,则在"宽度和间距"栏下方设置每一栏的宽度和间距。在每一栏之间若需分隔线,可选中"分隔线"复选框。

💡说明:

在其他视图方式下不能显示出分栏排版的效果,只有在页面视图方式下才能显示出来。因此,在分栏排版时最好先将视图切换到页面视图方式。

对文章最后一段进行分栏排版时,在选取段落时,切勿选取段落标记,否则分栏排版无法实现。

1.2.11　首字下沉

首字下沉是指对一个段落的第一个字符采用特殊格式显示,目的是使段落醒目,引起读者的注意。

将光标定位在要设置首字下沉的段落中,在"插入"选项卡中,单击"文本"组中的"首字下沉"按钮,如图 1-35 所示。

图 1-35　单击"首字下沉"

首字下沉分为"下沉"和"悬挂"两种设置。单击"首字下沉"选项,弹出"首字下沉"对话框,如图 1-36 所示。

图 1-36　"首字下沉"对话框

在"位置"栏下方可选择"无"、"下沉"和"悬挂"三种位置。下沉是指段落首字下沉若干行,其余文字围绕在首字的右侧和下方显示;悬挂是指段落首字下沉若干行并将其显示在从段落首行开始的左页边距中。

在"字体"下拉列表框中可设置首字字体,在"下沉行数"微调框中可设置首字下沉的行数,在"距正文"微调框中可设置字距正文的位置。

💡说明:

选取一段中的前面若干字符,通过首字下沉命令也可以实现这若干字符的下沉或悬挂。

1.2.12 文本框

文本框是一种可以在 Word 文档中独立进行文字输入和编辑的图片框,它如同一个容器,放到其中的对象将会随着文本框的移动而同时移动。

在"插入"选项卡中的"文本"组中单击"文本框"按钮,如图 1-37 所示。

图 1-37 单击"文本框"

Word 2010 中已经内置了若干文本框样式,可从中选择一种。如对系统预设的文本框样式不满意,可以在下拉列表中选择"绘制文本框"按钮,在文档中拖动鼠标可以绘制空白横向文本框;在下拉列表中选择"绘制竖排文本框"按钮,在文档中拖动鼠标可以绘制空白竖排文本框,在框中输入文字即可。

在文本框中的操作和在普通文档中一样,可插入文本、图形、表格等,也可进行各种设置。选择文本框,将鼠标移至边框线上鼠标指针变成 ✥,按住鼠标左键拖动,可实现文本框的移动。将鼠标移至尺寸控点(出现在文本框各角和各边上的小圆点),鼠标变成 ↔,按住鼠标左键拖动文本框的尺寸控点,可改变文本框大小。

1. 文字环绕

单击选中文本框,将打开"绘图工具"下的"格式"选项卡。在打开的"绘图工具"下的"格式"选项卡的"排列"组中单击"位置"按钮。在打开的"位置"列表中提供了嵌入型等多种位置的文字环绕方式,如果这些文字环绕方式不能满足用户的需要,则可以单击"其他布局选项"命令。在"布局"对话框中,切换到"文字环绕"选项卡,如图 1-38 所示。

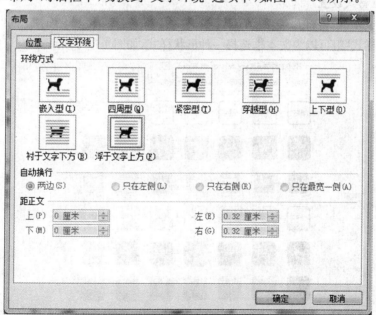

图 1-38 "布局"对话框的"文字环绕"选项卡

Word 2010 提供了嵌入型、四周型、紧密型、穿越型、上下型、衬于文字下方、浮于文字上方多种文字环绕方式。选择合适的环绕方式，单击"确定"按钮即可。

2. 文本框大小

单击选中文本框，将打开"绘图工具"下的"格式"选项卡。在打开的"绘图工具"下的"格式"选项卡下，单击"大小"对话框启动器，弹出"布局"对话框"大小"选项卡，如图1-39所示。

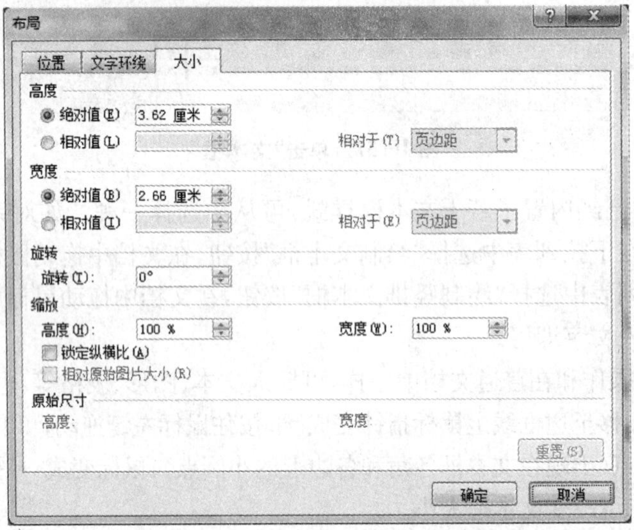

图1-39　"布局"对话框"大小"选项卡

在"大小"选项卡中，可设置文本框高度和宽度。在"旋转"栏下方可设置文本框旋转的角度。在"缩放"栏下方可设置文本框高度和宽度缩放的百分比。选中"锁定纵横比"复选框，可保持高度和宽度的比例不变。

3. 文本框格式设置

单击选中文本框，将打开"绘图工具"下的"格式"选项卡。在"绘图工具"的"格式"选项卡下，通过"形状样式"组可以为文本框选择一种形状样式，如图1-40所示。

图1-40　文本框"形状样式"

　　如对"形状样式"组中预设的样式不满意，单击"形状样式"组中右下角的对话框启动器，打开"设置形状格式"对话框，在该对话框中可以设置文本框的外边框、填充颜色、线型、阴影、三维格式等，如图 1 - 41 所示。

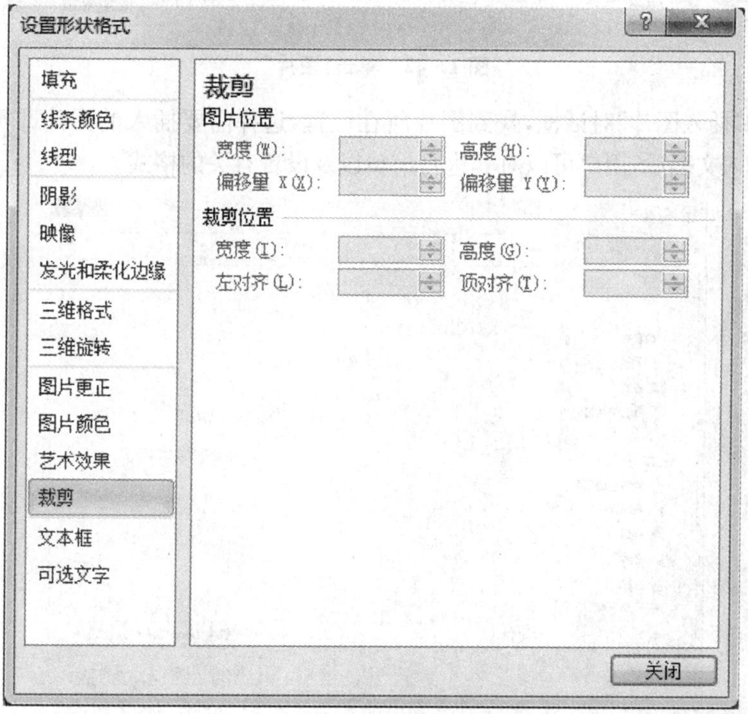

图 1 - 41　"设置形状格式"对话框

　　单击选中文本框，将打开"绘图工具"下的"格式"选项卡。在"绘图工具"的"格式"选项卡的"文本"组中，单击"文字方向"按钮可设置文本框中文字的方向，如水平、垂直等。单击"对齐文本"按钮可设置文本框中文本的对齐方式。

　💡 **说明：**

　　文本框具有奇特的链接功能，同一个文档的多个文本框之间可以建立链接关系，建立了链接关系的文本框即使位于文档中的不同位置，文本框中的文本仍然是连为一体的。在前一个文本框中容纳不下的内容，会自动"流"到下一个文本框中；在前一个文本框中删除一些内容，下一文本框中的内容则会自动"回"到前一个文本框中。利用文本框的链接功能，可以更灵活地编辑排版。建立文档中多个文本框链接的具体步骤如下：选中第一个文本框。单击"绘图工具"下的"格式"选项卡的"文本"组中的"创建链接"按钮，鼠标指针变成一个直立水杯形状。将鼠标指针移到要链接的文本框上，鼠标指针变成倾倒水杯形状，单击即完成两个文本框的链接。如果要断开链接，选中要断开链接的文本框，单击"绘图工具"下的"格式"选项卡的"文本"组中的"断开链接"按钮即可。

1.2.13　图片

　　一篇图文并茂的文档总比纯文本更美观，更具说服力。Word 2010 允许用户将来自文件的图片或其内部的剪贴画插入文档中。

在要插入图片的位置单击鼠标,在"插入"选项卡中的"插图"组中单击"图片"按钮,如图1-42所示。

图 1-42　单击"图片"

在弹出的"插入图片"对话框,找到图片所在位置,选择需要插入的图片即可,如图1-43所示。图片插入文档后,用户可以对其进行编辑以及设置有关的格式。

图 1-43　"插入图片"对话框

1. 图片大小

单击选中图片,将打开"图片工具"下的"格式"选项卡。在打开的"图片工具"下的"格式"选项卡下,单击"大小"对话框启动器,弹出"布局"对话框"大小"选项卡,如图1-44所示。

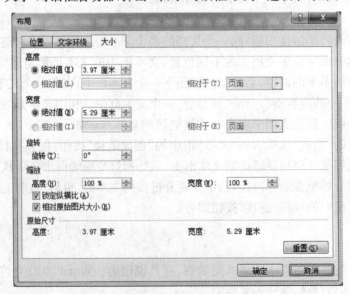

图 1-44　"布局"对话框"大小"选项卡

在"大小"选项卡中,可设置图片高度和宽度。在"旋转"栏下方可设置图片旋转的角度。在"缩放"栏下方可设置图片高度和宽度缩放的百分比。选中"锁定纵横比"复选框,可保持高度和宽度的比例不变。如果要自定义图片大小,则取消"锁定纵横比"复选框和"相对图片原始大小"复选框。

2. 裁剪图片

在文档中插入图片后,可以利用裁剪功能将图片中多余的部分裁剪掉,只保留需要的部分。

选中需要裁剪的图片,将打开"图片工具"下的"格式"选项卡。在打开的"图片工具"下的"格式"选项卡下,单击"大小"组中的"裁剪"按钮,在下拉菜单中根据需要选择相应命令;将鼠标指针移到图片的尺寸控制点上,按住鼠标左键并拖动进行裁剪,直至得到需要的形状或大小释放鼠标;在图片以外的空白处单击,完成裁剪操作。

3. 环绕方式

选中图片,将打开"图片工具"下的"格式"选项卡。在打开的"图片工具"下的"格式"选项卡下,单击"排列"组中的"自动换行"按钮,在下拉列表中列出了七种环绕方式,可根据需要选择相应的环绕方式;或选择"其他布局选项"选项,打开"布局"对话框,在"文字环绕"选项卡中设置图片环绕方式,如图 1 - 45 所示。

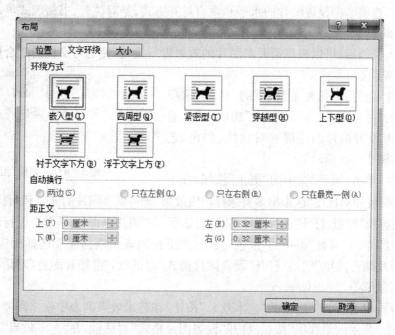

图 1 - 45　"布局"对话框"文字环绕"选项卡

4. 图片位置

不仅图片的大小可以改变,图片的位置也可以改变。选中图片,将打开"图片工具"下的"格式"选项卡。在打开的"图片工具"下的"格式"选项卡下,单击"排列"组中的"位置"按钮,在下拉列表中根据需要选择相应选项;或在下拉列表中选择"其他布局选项"选项,打开"布局"对话框,如图 1 - 46 所示。

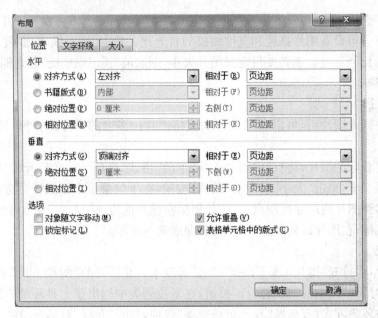

图 1-46　"布局"对话框"位置"选项卡

在"位置"选项卡中设置图片的水平和垂直对齐方式、绝对位置、书籍版式等。

5. 图片效果

图片插入文档后,可以根据需要对图片的效果进行设置,使之与文档的配合更完美。

(1)"调整"组

选中图片,将打开"图片工具"下的"格式"选项卡。在打开的"图片工具"下的"格式"选项卡下,通过"调整"组可设置图片的亮度和对比度、颜色、艺术效果等,如图 1-47 所示。

图 1-47　"调整"组

选中图片,单击"调整"组中的"更正"按钮,在下拉列表中的"亮度和对比度"区根据需要选择相应效果,即可调整图片的亮度和对比度;或者单击"图片更正选项"按钮,打开"设置图片格式"对话框,在"图片更正"选项卡中进行设置。

选中图片,单击"调整"组中的"颜色"按钮,在下拉列表中根据需要选择相应颜色方案;或者单击"图片颜色选项"按钮,打开"设置图片格式"对话框,在"图片颜色"对话框中设置图片的饱和度、色调等。

选中图片,单击"调整"组中的"艺术效果"按钮,在艺术效果列表中根据需要选择相应效果。或者单击"艺术效果选项"按钮,打开"设置图片格式"对话框,在"艺术效果"选项卡中进行设置。

单击要清除背景的图片,单击"删除背景"按钮,单击"背景消除"按钮。单击点线框线条上的一个句柄,然后拖动线条,使之包含希望保留的图片部分,并将大部分希望消除的区域排除在外。单击"关闭"组中的"关闭并保留更改"。

(2)"图片样式"组

选中图片,将打开"图片工具"下的"格式"选项卡。在打开的"图片工具"下的"格式"选项卡下,通过"图片样式"组可设置图片的阴影、发光、映像、柔化边缘、凹凸和三维旋转等效果,如图 1-48 所示。

图 1-48　"图片样式"组

选中图片,在"图片工具"下的"格式"选项卡下的"图片样式"组中可以查看图片样式库,选择合适的样式应用到图片上。同时,可以在"图片样式"组中应用"图片边框"按钮设置图片边框线的宽度、线型和颜色;应用"图片效果"按钮对图片应用阴影、发光、柔化边缘、棱台、三维旋转等视觉效果;利用"图片版式"按钮更改图片样式。

💡 说明:

在裁剪图片时,在"图片工具"下的"格式"选项卡下,单击"大小"组中的"裁剪"按钮。若要裁剪一边,向内拖动该边上的中心控点。若要同时相等地裁剪两边,在向内拖动任意一边上中心控点的同时,按住 Ctrl 键。若要同时相等地裁剪四边,在向内拖动角控点的同时,按住 Ctrl 键。

1.2.14　自选图形

自选图形是指一组现成的形状,包括如矩形和圆等基本形状,以及各种线条和连接符、箭头总汇、流程图符号、星与旗帜和标注等。

在要插入自选图形的位置单击鼠标,在"插入"选项卡中的"插图"组中单击"形状"按钮,如图 1-49 所示。

图 1-49　单击"形状"按钮

在"形状"下拉列表中包含了上百种自选图形工具,通过使用这些工具,可以在文档中绘制出丰富多彩的形状,如图 1-50 所示。

1. 绘制自选图形

选择一种形状,如云形标注,鼠标指针变成✚形状,在需要插入形状的位置按住鼠标左键并拖动,直至对形状的大小满意后松开鼠标左键。

2. 添加文字

有些自选图形绘制好后可以直接添加文字,如云形标注等;有些图形绘制好后不能直接添加文字,如基本形状等。要在不能直接添加文字的自选图形中添加文字,右击要添加文字的自选图形,在弹出的快捷菜单中选择"添加文字"命令,Word 2010 会自动在图形对象上显示一个文本框,在光标处输入文字即可。

图 1-50　"形状"汇总

3. 自选图形位置

选中自选图形,将打开"绘图工具"下的"格式"选项卡。在打开的"绘图工具"下的"格式"选项卡下,单击"排列"组中的"位置"按钮,在下拉列表中根据需要选择相应选项;或在下拉列表中选择"其他布局选项"选项,打开"布局"对话框,在对话框的"位置"选项卡中精确设置自选图形的位置。

4. 自选图形大小

选中自选图形,将打开"绘图工具"下的"格式"选项卡。在打开的"绘图工具"下的"格式"选项卡下,单击"大小"对话框指示器,弹出"布局"对话框"大小"选项卡。在"大小"选项卡中,可设置自选图形高度和宽度。在旋转栏下方可设置自选图形旋转的角度。在缩放栏下方可设置自选图形高度和宽度缩放的百分比。选中"锁定纵横比"复选框,可保持高度和宽度的比例不变。

5. 环绕方式

选中自选图形,将打开"绘图工具"下的"格式"选项卡。在打开的"绘图工具"下的"格式"选项卡下,单击"排列"组中的"自动换行"按钮,在下拉列表中列出了七种环绕方式,可根据需要选择相应的环绕方式;或选择"其他布局选项"选项,打开"布局"对话框,在"文字环绕"选项卡中设置自选图形环绕方式。

6. 自选图形效果

设置自选图形效果包括填充效果、形状轮廓、形状效果、阴影效果、三维效果和应用形状样式等。

选中自选图形,单击"绘图工具"下的"格式"选项卡下的"形状样式"组中的"形状填充"按钮或"形状轮廓"按钮,可以设置相应的填充效果(如颜色、图片、渐变、纹理等)或形状轮廓的粗细、线型、颜色等;利用"形状效果"按钮,可以设置相应的阴影、三维效果等;通过"形状样式"组中的样式库,可以快速地应用内置形状样式。

如果要自定义形状效果,可选中需要设置效果的自选图形,单击"形状样式"组对话框启动器,打开"设置形状格式"对话框,如图1-51所示。在对话框中可以精确设置自选图形的填充效果、线条颜色、三维效果等。

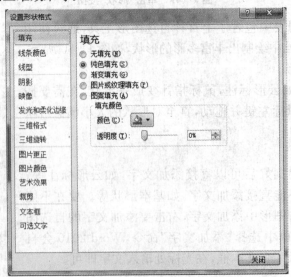

图 1－51　"设置形状格式"对话框

7. 自选图形的叠放次序

两个或多个自选图形重叠时,新绘的自选图形总是处于顶层,改变它们之间叠放次序的操作步骤如下:

(1) 选定要调整叠放次序的自选图形对象。

(2) 在打开的"绘图工具"下的"格式"选项卡下,单击"排列"组中的"上移一层"或"下移一层"下拉按钮,在下拉列表中选择合适的选项,如置于顶层、置于底层、浮于文字上方等。

8. 组合自选图形

可以将绘制好的多个基本自选图形组合成一体,以进行同步的移动或改变大小等操作。组合自选图形的操作步骤如下:

(1) 选定要进行组合的所有自选图形。

(2) 在打开的"绘图工具"下的"格式"选项卡下,单击"排列"组中的"组合"按钮,在下拉菜单中选择"组合"命令,就可将选中的自选图形组合成一个整体。

(3) 如果要取消自选图形的组合,选中要取消组合的自选图形,单击"排列"组中的"组合"按钮,在下拉菜单中选择"取消组合"命令,就可取消自选图形的组合恢复原来绘制的多个自选图形。

💡 说明:

选定自选图形的方法:按住 Shift 键,然后逐个单击要进行组合的图形。

选择自选图形,该自选图形的周围会出现 2 个或 8 个控点,1 个绿色旋转控点,有的图形还有 1 个黄色的调整控点,将鼠标置于绿色旋转控点上并拖动,可旋转任意角度;将鼠标定位于黄色调整控点并拖动,可重调形状。

在绘制形状时按住 Shift 键:绘制直线时,可以画出水平直线、竖直直线及与水平成 15°、30°、45°、60°、75°、90°的直线;在绘制矩形和椭圆图形时,按住 Shift 键,则绘制出来的是正方形和圆。拖动对象时按住 Shift 键,则对象只能沿水平或竖直方向移动。

1. 2. 15 艺术字

在 Word 文档中,艺术字可以制作封面文字或标题文字,美化文档。

将光标移动到要插入艺术字的位置,在"插入"选项卡中的"文本"组中单击"艺术字"按钮,在下拉列表中选择需要的艺术字样式,如图 1-52 所示。

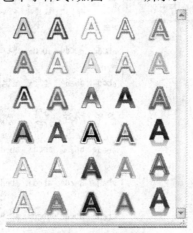

图 1-52 "艺术字"样式

在文档中出现的艺术字图文框中输入文字,即可在文档中插入所需的艺术字,如图1-53所示。

图1-53 "编辑艺术字文字"图文框

在"开始"选项卡下的"字体"组中可设置艺术字的字体、字号、加粗、倾斜。单击艺术字,将打开"绘图工具"下的"格式"选项卡。

1."艺术字样式"组

"艺术字样式"组如图1-54所示。

图1-54 "艺术字样式"组

通过"艺术字样式"组中的样式库,可以快速地应用内置艺术字样式。单击"文本填充"按钮,可以设置相应的填充效果,如颜色、图片、渐变、纹理等;单击"文本轮廓"按钮,可以设置形状轮廓的粗细、线型、颜色等;单击"文本效果"按钮,可以更改艺术字形状,如图1-55所示。

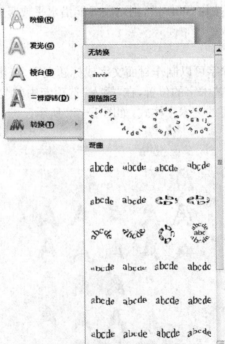

图1-55 "艺术字形状"选项

2."排列"和"大小"组

"排列"和"大小"组如图 1-56 所示。

图 1-56　"排列"和"大小"组

单击"排列"组中的"位置"按钮,在下拉列表中根据需要选择相应选项设置艺术字的位置;单击"排列"组中的"自动换行"按钮,在下拉列表中列出了七种环绕方式,可根据需要选择相应的环绕方式;或选择"其他布局选项"选项,打开"布局"对话框,在"文字环绕"选项卡中设置艺术字环绕方式。

单击"大小"对话框启动器,弹出"布局"对话框"大小"选项卡。在"大小"选项卡中,可设置艺术字高度和宽度;在旋转栏下方可设置图片旋转的角度;在缩放栏下方可设置艺术字高度和宽度缩放的百分比;选中"锁定纵横比"复选框,可保持高度和宽度的比例不变。

3."文本"组

"文本"组如图 1-57 所示。

单击"文本"组中的"文字方向"按钮,可更改艺术字文字的排列方向。单击"文本"组中的"对齐文本",可更改艺术字文字的对齐方式。

💡 说明:

艺术字阴影和三维效果,可通过"阴影效果"和"三维效果"组设置。

图 1-57　"文本"组

设置艺术字的文字环绕方式后,将艺术字由嵌入式图片改为浮动式图片,才能实现艺术字图片的自由旋转和改变形状。选择艺术字,将鼠标置于绿色旋转控点上并拖动,可旋转任意角度;将鼠标定位于黄色调整控点并拖动,可重调形状。

1.2.16　公式

使用 Word 2010 提供的公式编辑器可以方便地输入一些特定的公式并对其进行编辑。

将光标移动到要插入公式的位置,在"插入"选项卡中的"符号"组中单击"公式"按钮,在下拉列表中选择需要的公式,将相应公式插入选定的位置,如图 1-58 所示。

图 1-58　单击"公式"按钮

Word 2010 提供的常用公式有二次公式、二项式定理、傅立叶级数、勾股定理。如需要插入新公式,在下拉列表中单击"插入新公式"按钮,打开"公式工具"下的"格式"选项卡,如图 1-59 所示。

图 1 - 59　"公式工具"下的"格式"选项卡

文档中出现"在此处键入公式"图文框,在"设计"选项卡的"结构"组中选择公式的样板或框架,在"设计"选项卡的"符号"组中选择所需的数学符号,输入变量或数字,可完成新公式创建。公式完成后在文档中单击回到文本编辑状态,公式便插入到文档中。在"设计"选项卡的"工具"组中可以改变公式显示方式为"专业型"或"线性";单击"工具"组中的"公式"按钮,在下拉菜单中选择"将所选内容保存到公式库"可以将新输入的公式保存到"公式库"。

1. 2. 17　表格

Word 2010 提供了强大的表格功能,包括创建表格、编辑表格、设置表格的格式以及对表格中数据进行排序和计算等。

1. 插入表格

将光标移动到要插入表格的位置,在"插入"选项卡中的"表格"组中单击"表格"按钮,在下拉菜单中"插入表格"下拖动鼠标选择需要的行数和列数。这种方法最多可以创建 8 行10 列的表格。

将光标移动到要插入表格的位置,在"插入"选项卡中的"表格"组中单击"表格"按钮,在下拉菜单中单击"插入表格"按钮,打开"插入表格"对话框,如图1 - 60所示。在"插入表格"对话框中设置插入表格的行数和列数等,单击"确定"按钮,即在光标处插入表格。

图 1 - 60　"插入表格"对话框

Word 2010 提供了用鼠标绘制任意不规则表格的功能,在"插入"选项卡中的"表格"组中单击"表格"按钮,在下拉菜单中单击"绘制表格"按钮,鼠标指针会变为笔状 ;将笔形指针移动到要绘制表格的位置,按住鼠标左键拖动鼠标到适当位置释放,即可绘制一个矩形,即定义表格的外框,然后在该矩形内绘制行、列等,完成不规则表格的创建。要擦除一条线或多条线,将橡皮图标 移动到要擦除框线的一端,按住鼠标左键拖动到框线另一端释放,即可删除该框线。

　　另外,在"插入"选项卡中的"表格"组中单击"表格"按钮,在下拉菜单中单击"快速表格"按钮,可在出现的列表中选择所需要的内置表格样式。

　　2. 单元格、行、列和表格的选择

　　(1) 单元格的选择

　　鼠标指针移到要选定的单元格的选定区,当指针由 I 变成 ➚ 形状时,按下鼠标向上、下、左、右移动鼠标选定相邻多个单元格即单元格区域。选定一个单元格后,按住 Ctrl 键依次选定其他单元格,可同时选定分散的多个单元格。

　　(2) 行的选择

　　鼠标指针指向要选定的行的左侧,当指针变为箭头形状 ⬈ 时单击鼠标选定一行,向下或向上拖动鼠标选定表中相邻的多行。

　　(3) 列的选择

　　将鼠标指针移动到表格列的顶部,当指针变为向下的黑色箭头形状 ⬇ 时单击可选定当前列,按住鼠标左键向左(或右)拖动可选定多列。

　　(4) 表格的选择

　　将指针置于表格上,选择表格左上角控点 ✛ 选定整个表格,选择表格的右下角表格尺寸控点,可改变表格的尺寸。

　　上述的选择操作也可以单击"表格工具"下的"布局"选项卡,在"表"组中单击"选择"按钮,在弹出的下拉菜单中完成单元格、行、列和表格的选择。

　　3. 单元格、行、列的插入和删除

　　(1) 单元格的插入

　　将光标定位在要插入单元格的位置,单击"表格工具"下的"布局"选项卡,如图 1 - 61 所示。

图 1 - 61　"表格工具"下的"布局"选项卡

　　单击"行和列"对话框启动器,弹出"插入单元格"对话框,如图 1 - 62 所示。在"插入单元格"对话框中可以完成单元格、行和列的插入。

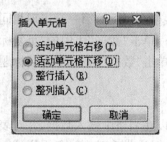

图 1 - 62　"插入单元格"对话框

　　(2) 行、列的插入

　　将光标定位在要插入行(列)的位置,单击"布局"选项卡中"行和列"组中的"在上方插入"、"在下方插入"、"在左侧插入"或"在右侧插入"按钮,即可在选定行(列)的上、下方插入一行或左、右侧插入一列。如果要插入多行或多列,请先选择多行或多列。

(3) 单元格、行、列、表格的删除

将光标定位在要删除的单元格或要删除的行(列)中,单击"布局"选项卡中"行和列"组中的"删除"按钮,在下拉菜单中选择"删除单元格"、"删除列"、"删除行"或"删除表格"命令。

4. 行高和列宽

更改行高时,将指针停留在要更改其高度的行的边框上,直到指针变为调整大小指针 ↕,然后拖动边框。更改列宽时,将指针停留在要更改其宽度的列的边框上,直到指针变为调整大小指针 ◂‖▸,然后拖动边框,直到得到所需的列宽为止。若要显示行高的数值,单击单元格,然后在拖动垂直标尺标记的同时按住 Alt 键。若要显示列宽的数值,单击单元格,然后在拖动标尺标记的同时按住 Alt 键。

在"表格工具"下的"布局"选项卡下,通过"单元格大小"组可精确设置行高、列宽值;单击"表"组中的"属性"按钮,或单击"单元格大小"组中对话框启动器,打开"表格属性"对话框,在"行"、"列"选项卡中可精确设置行高和列宽值,如图 1 - 63 所示。

图 1 - 63　行高和列宽设置

5. 拆分、合并单元格和拆分表格

选择要合并的单元格,在"表格工具"下的"布局"选项卡下,单击"合并"组中的"合并单元格"按钮,即可将所选的单元格合并为一个单元格。

选择要拆分的单元格,在"表格工具"下的"布局"选项卡下,单击"合并"组中的"拆分单元格"按钮,在打开的"拆分单元格"对话框中输入拆分的行数、列数数值,单击"确定"按钮即可拆分元格。

要将一个表格分成两个表格,单击要成为第二个表格的首行的行,在"表格工具"下的"布局"选项卡下,单击"合并"组中的"拆分表格"按钮;或将光标定位在要成为第二个表格的首行的行尾换行符处,按 Ctrl＋Shift＋Enter 组合键,实现表格的快速拆分。

💡 **说明:**

为了使自动拆分成多页的表格在每页的第一行出现相同的标题行,首先选定第一行,在"表格工具"下的"布局"选项卡下,单击"数据"组中的"重复标题行"按钮,使拆分后每页表格的首行都显示相同的标题;再次单击"数据"组中的"重复标题行"按钮,可以取消每页表格的首行显示相同的标题。

6. 表格格式的设置

表格创建完成以后,用户可以在表格中输入数据,并对表格中的数据格式及对齐方式等进行设置。同样,也可对表格设置边框和底纹、套用样式,以增强视觉效果,使表格更加美观。

(1) 设置文本对齐方式

单元格默认的对齐方式为"靠上两端对齐",即单元格中的文本以单元格的上框线为基准两端对齐。合理地设置表格中文本的对齐方式，可以使单元格和表格更美观。选择要设置文本对齐格式的单元格，在"表格工具"下的"布局"选项卡下，单击"对齐方式"组中相应按钮，可以设置表格中文本对齐方式。单击"对齐方式"组中"文字方向"按钮，可以更改单元格中文本的水平和垂直排列方向，如图 1-64 所示。

图 1-64　"表格工具"下的"布局"选项卡下的"对齐方式"组

单元格边距是指单元格中的文本距离上下左右边框线的距离。单元格间距是指单元格与单元格之间的距离。若要设置单元格边距和间距，单击"单元格边距"按钮，打开"表格选项"对话框，如图 1-65 所示。在对话框中设置相应的单元格边距和间距。

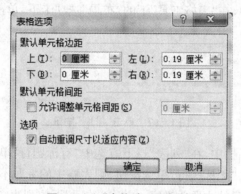

图 1-65　"表格选项"对话框

（2）设置表格对齐方式

如想要设置表格在文档中的对齐方式，必须先选定整张表格。在"表格工具"下的"布局"选项卡下，单击"表"组中的"属性"按钮，打开"表格属性"对话框，如图 1-66 所示。在"对齐方式"栏下方设置表格对齐方式。

图 1-66　"表格属性"对话框

（3）边框和底纹

选定行、列、表格，或将光标定位在某个单元格中，在"表格工具"下的"设计"选项卡下，单击"表格样式"组中的"边框"或"底纹"下拉按钮，在边框或底纹的下拉列表中选择相应选项可设置单元格、行、列或表格的边框和底纹。

选定行、列、表格，或将光标定位在某个单元格中，在"表格工具"下的"设计"选项卡下，单击"绘图边框"对话框启动器，打开"边框和底纹"对话框。在"边框"选项卡下，对表格边框的样式、颜色、宽度、应用范围等进行设置。在"底纹"选项卡下，对表格底纹的填充颜色、图案样式等进行设置。

Word 2010 提供了多种不同风格的表格样式，可以通过自动套用样式快速设置表格样式。在"表格工具"下的"设计"选项卡下，单击"表格样式"组中的列表框右侧的上、下箭头打开表格样式列表，单击选中需要的样式，表格会自动应用该样式。

7. 表格数据的排序

排序是表格经常会进行的操作，表格可以按照字母、数字或日期顺序进行升序或降序排序。将光标定位在表格中，在"表格工具"下的"布局"选项卡下，单击"数据"组中的"排序"按钮，如图 1－67 所示。

图 1－67　单击"排序"按钮

在打开的"排序"对话框中，在"列表"栏下方选中"有标题行"单选按钮，则表格中的标题也会参与排序。如果选中"无标题行"单选按钮，则表格中的标题不会参与排序。单击"主要关键字"下拉列表选择排序的主要关键字。单击"类型"下拉列表，在"类型"列表中选择"笔画"、"数字"、"日期"或"拼音"选项。如果参与排序的数据是文字，则可以选择"笔画"或"拼音"选项；如果参与排序的数据是日期类型，则可以选择"日期"选项；如果参与排序的只是数字，则可以选择"数字"选项。选中"升序"或"降序"单选按钮设置排序的顺序类型。在对话框中按排序的优先次序选择关键字（最多可以选择 3 个关键字）并确定排序方式，单击"确定"按钮完成对表格的排序，如图 1－68 所示。

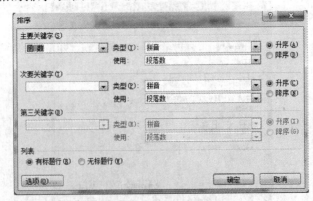

图 1－68　"排序"对话框

8. 表格数据的计算

将光标定位在需放置计算结果的单元格，在"表格工具"下的"布局"选项卡下，单击"数据"组中的"公式"按钮，如图 1‐69 所示。

图 1‐69　单击"公式"按钮

在公式对话框中，"公式"文本框中以"＝"开头，输入所需的公式。在"粘贴函数"下拉列表框中选择所需的函数，如 SUM 表示求和，AVERAGE 表示求平均值，COUNT 表示求个数，MAX 表示求最大值，MIN 表示求最小值。在函数的括号中，LEFT 表示计算当前单元格左侧的数据，ABOVE 表示计算当前单元格上方的数据。在"编号格式"下拉列表框中输入或选择显示计算结果的格式，如图 1‐70 所示。

图 1‐70　"公式"对话框

💡 说明：

若要统一多行或多列的尺寸，选中要统一其尺寸的行或列，在"表格工具"下的"布局"选项卡下，单击"单元格大小"组中的"分布行"按钮 ⊞分布行 或"分布列"按钮 ⊞分布列 。

在表格数据的计算中，Word 2010 是以域的形式将结果插入选定单元格的。如果更改了引用单元格中的值，选定该域，然后按 F9，即可更新计算结果。如果单元格中显示的是代码（例如〔＝SUM(LEFT)〕）而不是实际的求和结果，则表明 Word 正在显示域代码。要显示域代码的计算结果，按 Shift＋F9 键。

在表格数据的计算中，可用 A1、A2、B1、B2 的形式引用表格单元格，其中字母表示列，数字表示行。与 Microsoft Excel 不同，Microsoft Word 对"单元格"的引用始终是绝对引用，并且不显示美元符号。例如，在 Word 中引用 A1 单元格与在 Excel 中引用 ＄A＄1 单元格相同。如果需要计算单元格 A1 和 B4 中数值的和，应输入公式：＝SUM(a1,b4)。

1.2.18　操作技巧

（1）为了增强 Word 文档的安全性，可设置打开权限密码和修改权限密码。打开要设置密码的 Word 文档，单击"文件"选项卡下的"另存为"命令，打开"另存为"对话框；单击"工具"按钮下的"常规选项"命令，打开"常规选项"对话框，如图 1‐71 所示。

图 1-71 "常规选项"对话框

如果要设置文档打开的密码,在"打开文件时的密码"文本框中输入打开文档的密码;如果要设置文档修改的密码,在"修改文件时的密码"文本框中输入修改文档的密码;单击"确定"按钮,在弹出的"确认密码"对话框中再次输入密码;单击"确定"按钮,返回"另存为"对话框,单击"保存"按钮,完成密码设置。注意,密码字符的长度最大为15位。

(2) 查看 Word 文档的方法有"草稿"、"Web 版式"、"页面"、"阅读版式"、"大纲"五种视图。若要获得"所见即所得"的效果,单击"视图"选项卡下的"页面视图"。

页面视图是 Word 的默认视图模式,是"所见即所得"的视图方式,也就是说,页面视图显示的文档与实际打印的文档效果是基本一致的。在页面视图中,可以实现"即点即输"功能,便于图文混排,可以设置文本框、分栏等的位置,可以设置页眉和页脚,可以对文本、格式及版面进行最后的修改,是使用频率最高的视图模式。

阅读版式视图模拟图书阅读方式,以分栏样式显示文档,隐藏功能区等窗口元素,利用最大的空间来阅读或者批注文档。在阅读版式视图模式下,用户可以单击窗口左上角的"工具"按钮选择各种阅读工具。文档中的文本为了适应屏幕显示自动折行,不显示页眉和页脚,但在屏幕顶部显示文档的当前屏数和总屏数。

Web 版式视图模仿 Web 浏览器来显示文档,可以看到背景和为适应窗口而换行显示的文本,显示的图形位置也与在 Web 浏览器中的位置一致。Web 版式视图模式主要用于创建、编辑和查看网页形式的文档。

大纲视图主要用于显示文档的结构,可以看到文档标题的层次关系。在大纲视图中,可以折叠文档只查看标题,也可以展开文档查看整个文档的内容,移动、复制和重组长文档比较方便。

草稿视图用于查看草稿形式的文档,仅显示标题和正文,取消了页面边距、分栏、页眉页脚和图片等元素,是最节省计算机系统硬件资源的视图模式。

（3）如要同时查看文档的两部分，将指针指向垂直滚动条顶部的拆分条，当指针变为调整大小指针 $\rightleftarrows$ 时，将拆分条拖动到所需位置。双击拆分条可回到单窗口的状态。

（4）如果将另一篇文档插入到打开的文档中，首先单击要插入第二篇文档的位置，在"插入"选项卡中的"文本"组中单击"对象"按钮，在下拉列表中选择"文件中的文字"命令，打开"插入文件"对话框，如图 1-72 所示。

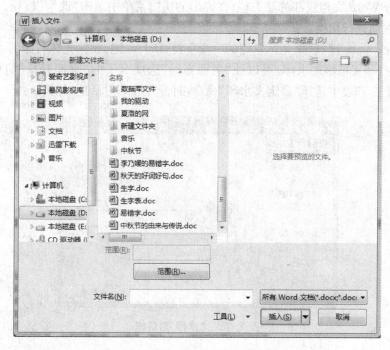

图 1-72　"插入文件"对话框

在"文件名"框中输入要插入文件的名称，或浏览定位到所需文件即可。若只需插入文件的一部分，请单击"范围"按钮，然后在"范围"框中键入一个书签名。

（5）将 Excel 图表复制到 Word 中方法是复制 Excel 中的图表，在"开始"选项卡中的"剪贴板"组中单击"粘贴"按钮，在下拉列表中选择"选择性粘贴"命令，选择粘贴的格式。

（6）编辑时自动保存文件，单击"文件"选项卡下的"选项"命令，打开"Word 选项"对话框，在"Word 选项"对话框"保存"选项卡中设置自动保存文件的时间间隔。

（7）绘制斜线表头，将光标定位在某个单元格中，在"表格工具"下的"设计"选项卡下，单击"表格样式"组中的"边框"按钮，在打开的下拉列表中选择需要的斜线样式。

（8）选定文本的快捷方法如下。

选定一行文本：鼠标指针移动到该行的左侧，直到指针变为指向右边的箭头，然后单击。

选定一个句子：按住 Ctrl 键，然后单击该句中的任何位置。

选定一个段落：鼠标指针移动到该段落的左侧，直到指针变为指向右边的箭头，然后双击或者在该段落中的任意位置三击。

选定多个段落：鼠标指针移动到段落的左侧，直到指针变为指向右边的箭头，再单击并向上或向下拖动鼠标。

选定多个不相邻段落：选择所需的第一个段落，按住 Ctrl 键选择所需的其他段落。

选定一大块文本：单击要选定内容的起始处，然后滚动要选定内容的结尾处，再按住Shift 同时单击。

选定整篇文档：鼠标指针移动到文档中任意正文的左侧，直到指针变为指向右边的箭头，然后三击。也可以在"开始"选项卡中的"编辑"组中单击"选择"按钮，在下拉列表中选择"全选"命令。

（9）右击 Word 文档底部的状态栏，在弹出的快捷菜单中单击"改写"按钮，可以在插入和改写状态之间进行切换。

（10）BackSpace 键：删除光标左侧的一个字符；Delete 键：删除光标右侧的一个字符。

（11）给打印文档添加水印，可以在"页面布局"选项卡下的"页面背景"组中，单击"水印"按钮，在下拉列表中选择"自定义水印"命令，打开"水印"对话框，如图 1－73 所示。

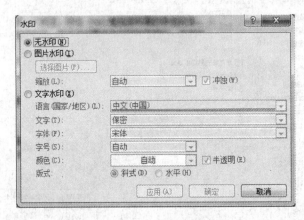

图 1－73　"水印"对话框

（12）若要将一幅图片插入为水印，单击"图片水印"，再单击"选择图片"。选择所需图片后，再单击"插入"。若要插入文字水印，单击"文字水印"，然后选择或输入所需文本。选择所需的其他选项，然后单击"应用"。要查看水印在打印出的页面上的效果，使用页面视图。

（13）文档中红色与绿色波形下划线的含义：当 Word 处在检查"拼写和语法"状态时，用红色下划线表示可能的拼写错误，用绿色下划线表示可能的语法错误。

启动（关闭）检查"拼写和语法"的操作：在"审阅"选项卡中的"语言"组中单击"语言"按钮，在下拉列表中单击"设置校对语言"命令，在打开的"语言"对话框中，对"不检查拼写或语法"复选框撤销（选中）即可启动（关闭）"拼写和语法"检查。

隐藏（显示）检查"拼写和语法"时出现的下划线的操作：单击"文件"选项卡中"选项"命令，在打开的"Word 选项"对话框中，单击"校对"选项卡，对"只隐藏此文档中的拼写错误"复选框和"只隐藏此文档中的语法错误"这两个复选框执行选中（撤销）操作。

（14）在"插入"选项卡中的"文本"组中单击"日期和时间"按钮，在"日期和时间"对话框中可设置日期和时间的格式，并可以设置自动更新日期和时间。在"符号"中单击"符号"按钮，可插入常用的符号。如需插入更多符号，单击"其他符号"按钮，可插入更多的符号和特殊字符。

（15）表格与文本相互转换时，可以使用同样的符号分隔文本中的数据项，可以选用段落标记、半角逗号、制表符、空格等。

选中 Word 中需要转换成表格的文本。在"插入"选项卡中的"表格"组中,单击"表格"按钮,在下拉列表中单击"文本转换成表格"。在"文本转换成表格"对话框的"文字分隔位置"栏下,单击要在文本中使用的分隔符对应的选项。在"列数"框中,选择列数,单击"确定"按钮即可。

单击表格任意单元格,在"表格工具"下的"布局"选项卡下,单击"数据"组中的"转换为文本"按钮。在打开的"表格转换成文本"对话框中,选中"段落标记"、"制表符"、"逗号"或"其他字符"单选框,单击"确定"按钮即可。

(16) 分页包括软分页和硬分页。软分页指文档排满一页后自动插入一个分页符,并将以后输入的文字放到下一页。硬分页指根据用户的需要在页面中插入一个分页符。在"页面布局"选项卡中的"页面设置"组中,单击"分隔符"按钮,在下拉列表中单击"分页符"按钮,或者按"Ctrl＋Enter"组合键可以实现硬分页。

(17) Word 2010 提供了手动和自动两种生成目录的方式,同时提供了样式库,其中有多种目录样式供用户选用。创建目录前,要求出现在目录中的标题应用了内置标题样式或包含大纲级别的样式及自定义样式。

创建目录:将光标定位到要插入目录的位置,在"引用"选项卡中的"目录"组中,单击"目录"按钮,在下拉列表中选择所需的目录样式。或在下拉列表中选择"插入目录"按钮,打开"目录"对话框。在"目录"选项卡的"格式"下拉列表框中选择一种目录格式,在"打印预览"栏下预览所选目录格式的效果,单击"确定"按钮,在文档指定位置插入自动创建的目录。

更新目录:如果目录生成后文档内容发生了变化,右击目录,在弹出的快捷菜单中选择"更新域"按钮,打开"更新目录"对话框,选中"更新整个目录"单选钮,单击"确定"按钮,可以完成目录的更新工作。

(18) 插入书签就是为文档中指定的位置或选中的文字、图形、表格等添加一个特殊标记,以便对它们快速定位。选定要插入书签的文本或位置,在"插入"选项卡中的"链接"组中,单击"书签"按钮,打开"书签"对话框。在对话框的"书签名"文本框中输入书签名称,单击"添加"按钮,即可在文档中插入了一个新书签。

(19) 在"页面布局"选项卡下的"主题"组中,单击"主题"按钮,在下拉列表中选择一种系统预置的主题样式。若要自定义"主题",可单击"颜色"、"字体"、"效果"按钮进行设置。主题颜色包含四种文本颜色及背景色、六种强调文字颜色和两种超链接颜色。主题字体包含标题字体和正文字体。主题效果是线条和填充效果的组合。

1.3　本章实训

实训一　制作电子板报

一、实验目的

通过编排电子板报,掌握文档的合并方法;掌握文本框、艺术字、自选图形的插入与格式设置方法;掌握图片的插入及图文混排的编辑;掌握段落、分栏与首字下沉等格式的设置。

二、实验内容

根据提供素材,参考范文(如图 1 - 74 所示)制作电子板报。

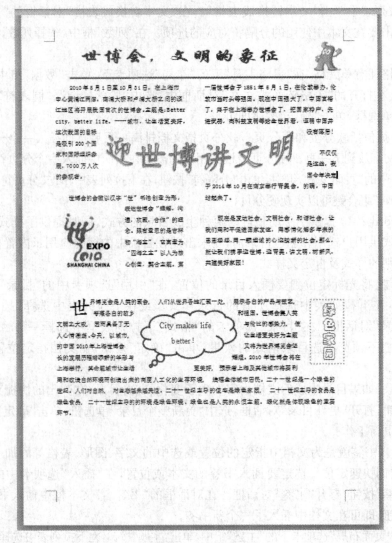

图 1 - 74　范文

三、实验步骤

在 http://lrg. zgz. cn/sx/lny. htm 网站中下载实训 1 素材文件 EX1. rar。将 EX1. rar 压缩文件解压到 C 盘 EX1 文件夹中。右击 EX1 文件夹弹出的快捷菜单中选择属性,在弹出的 EX1"属性"对话框中去掉此文件夹的只读属性。打开 EX1 文件夹中的"迎世博,迎青奥,讲文明,树新风.docx"文档。

1. 将 EX1 文件夹中"绿色世博"文档插入到"迎世博,迎青奥,讲文明,树新风.docx"文档后,另存为"文明世博. docx"。

操作步骤 1:将插入点光标定位到"迎青奥,讲文明,树新风. docx"文档末尾,按 Enter 键,另起一段,在"插入"选项卡中的"文本"组中单击"对象"按钮,在下拉列表中选择"文件中的文字"命令,在打开的"插入文件"对话框中单击"绿色世博"文档,单击"插入"按钮。

操作步骤2：单击"文件"选项卡下的"另存为"命令，弹出"另存为"对话框，在"文件名"右边的文本框中输入要保存的文件名"文明世博"，保存类型右边的下拉列表框中选择"Word 文档(＊.docx)"，保存位置选择 EX1 文件夹，单击"确定"按钮。

2. 设置页面格式，将页面设置为 A4 纸，左、右、上、下页边距均为 2 厘米，每页 45 行，每行 45 个字符。

操作步骤：在"页面布局"选项卡上，单击"页面设置"对话框启动器，弹出"页面设置"对话框。在"纸张"选项卡中，"纸张大小"下拉列表框中选择纸型为 A4；在页边距选项卡中设置左右页边距为 2 厘米、上下页边距为 2 厘米；在"文档网格"选项卡中，"网格"栏下选择"指定行和字符网格"，并设置每行 45 个字符，每页 45 行。

3. 加入文章标题与标题图片。给正文加标题"迎世博，文明的象征"，设置其字体格式为华文行楷、一号字、加粗、红色、字符间距缩放 120％，水平居中。参考范文，在正文适当位置，以紧密型环绕方式插入图片"海宝.jpg"，右对齐，并设置图片高度、宽度均缩放 50％。

操作步骤1：将插入点移至文章起始位置，输入标题"世博会，文明的象征"并按下 Enter 键。选择所输标题，在"开始"选项卡上，单击"字体"对话框启动器，弹出"字体"对话框，在"字体"选项卡中设置其字体为"华文行楷"、字形为"加粗"、字号为"一号"、颜色为"红色"，在"高级"选项卡中"缩放"右侧输入字符缩放比例为"120％"。在"开始"选项卡中的"段落"组中，单击"居中"按钮 ，将标题居中显示。

操作步骤2：将插入点移至标题处，在"插入"选项卡下的"插图"组中单击"图片"按钮，弹出"插入图片"对话框，在 EX1 文件夹中，选择图片"海宝.jpg"插入。在文档中右击此图片，在弹出的快捷菜单中单击"大小和位置"命令，弹出"布局"对话框，如图 1-75 所示。

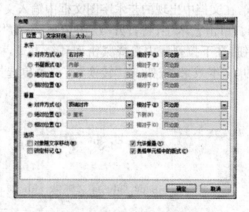

图 1-75 "布局"对话框

在"大小"选项卡中设置高度和宽度缩放比例各为 50％；在"文字环绕"选项卡中设置其环绕方式为"紧密型"；在"位置"选项卡中设置水平对齐方式为"右对齐"，在相对于右侧的下拉列表中选择"页边距"，垂直对齐方式为"顶端对齐"，在相对于右侧的下拉列表中选择"页边距"。参考范文适当调整图片位置。

4. 插入标题线。参考范文，在正文标题的下方插入一条线条粗细为 2 磅的红色水平线，宽度为 15 厘米。

操作步骤：将插入点定位于正文前按下 Enter 键添加空行。在"插入"选项卡中的"插图"组中单击"形状"按钮，在"形状"下拉列表"线条"栏下方选择"直线"，在标题下方画出一条水平线。在打开的"绘图工具"下的"格式"选项卡下,单击"大小"对话框启动器,弹出"布局"对话框"大小"选项卡。在"大小"选项卡中,可设置水平线宽度为15厘米。在"形状样式"组中,单击"形状轮廓"按钮,在下拉列表中单击"标准色"红色;在下拉列表中单击"粗细"下的"其他线条"命令,在打开的"设置形状格式"对话框"线条"选项卡中,设置线条粗细为2磅。

5. 设置段落格式。设置正文所有段落首行缩进2字符,行距为固定值18磅,段前、段后间距均为1行。

操作步骤:选择正文所有段落,在"开始"选项卡上,单击"段落"对话框启动器,弹出"段落"对话框,单击"缩进和间距"选项卡,在"特殊格式"下拉列表框中选择"首行缩进",其右侧的磅值中输入2字符;"行距"下拉列表框中选择"固定值",在其右侧的设置值中输入18磅;在"间距"栏下方设置段前、段后间距为1行。

6. 设置分栏。设置正文第一至第五段,分为等宽两栏,不加分隔线。

操作步骤:选择正文第一至第五段,在"页面布局"选项卡中的"页面设置"组中单击"分栏"按钮,在弹出的下拉列表中单击"更多分栏"按钮,弹出"分栏"对话框,在"预设"栏下方选择两栏,选中"栏宽相等"复选框,去除"分隔线"复选框的选中状态。

7. 插入艺术字及图片。参考范文,在正文适当位置插入艺术字"迎世博讲文明",采用第一行第二列样式(填充:无,轮廓:强调文字颜色2),设置艺术字字体格式为楷体、44号字,紧密型环绕方式,设置文本效果为"两端远"。在正文适当位置以紧密型环绕插入图片"世博图标",左对齐,设置图片高度为3.6厘米,宽度为3.7厘米。

操作步骤1:在"插入"选项卡中的"文本"组中单击"艺术字"按钮,在下拉列表中选择第一行第二列的艺术字样式,在文档中出现的艺术字图文框中输入文字"迎世博讲文明",并设置字体为楷体,字号为44。单击艺术字,将打开"绘图工具"下的"格式"选项卡。单击"排列"组中的"自动换行"按钮,在下拉列表中选择紧密型环绕方式,移动艺术字到适当位置。单击"艺术字样式"组中的"文本效果"按钮,在"转换"下拉菜单选择"两端远",如图1-76所示。

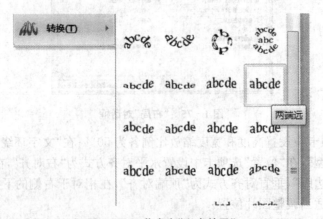

图1-76 艺术字"文本效果"

操作步骤2:在"插入"选项卡中的"插图"组中单击"图片"按钮,弹出"插入图片"对话框,在EX1文件夹中,选择图片"世博图标.jpg"插入。在文档中右击此图片,在弹出的快捷菜单中单击"大小和位置"命令,弹出"布局"对话框,在"大小"选项卡中,取消"锁定纵横比"复选框和"相对图片原始大小"复选框,设置图片宽度为 3.7 厘米,高度为 3.6 厘米;在"环绕方式"选项卡中设置其环绕方式为"紧密型";在"位置"选项卡中设置水平对齐方式为"左对齐",在相对于右侧的下拉列表中选择"页边距"。参考范文适当调整图片位置。

8. 首字下沉。设置正文第六段首字下沉两行,首字字体为楷体。

操作步骤:将插入点移到第六段中,在"插入"选项卡中,单击"文本"组中的"首字下沉"按钮,在下拉列表中单击"首字下沉选项"命令,打开"首字下沉"对话框,在位置栏下方选择"下沉",字体栏下方设置字体为楷体,下沉行数右侧设置首字下沉 2 行。

9. 插入文本框。参考范文,在正文适当位置插入竖排文本框,输入文字"绿色家园",设置其字体格式为华文彩云、二号字、绿色。设置文本框线条粗细为 3 磅,线条颜色为橙色,虚实为圆点,环绕方式为四周型、右对齐。

操作步骤 1:在"插入"选项卡中的"文本"组中单击"文本框"按钮,在下拉列表中选择"绘制竖排文本框"按钮,在文档中拖动鼠标可以绘制空白竖排文本框,输入"绿色家园",设置文字字体为"华文彩云"、字号为"二号"、颜色为绿色。单击选中文本框,将打开"绘图工具"下的"格式"选项卡。在"形状样式"组中单击"形状轮廓"按钮,下拉列表中单击"粗细",在弹出的下列菜单中设置线条粗细为 3 磅;下拉列表中单击"虚线"设置圆点效果;下拉列表中单击"标准色"栏下方的"橙色"设置线条颜色。

操作步骤 2:单击选中文本框,将打开"绘图工具"下的"格式"选项卡。在"排列"组中单击"自动换行"按钮,在弹出的下拉列表中选择"四周型环绕";在"排列"组中单击"位置"按钮,在弹出的下拉列表中选择"其他布局选项"命令,弹出"布局"对话框,在"位置"选项卡中设置水平对齐方式为"右对齐",在相对于右侧的下拉列表中选择"页边距"。参考范文适当调整文本框位置。

10. 插入自选图形。参考范文,在正文适当位置插入"云形标注"自选图形,输入文字"City makes life better!",设置文字字号为二号字,颜色为红色。设置其环绕方式为紧密型,线条颜色为红色。

操作步骤:在"插入"选项卡中的"插图"组中单击"形状"按钮,在"形状"下拉列表中"标注"栏下方选择"云形标注",在适当位置拖动鼠标生成一云形标注的自选图形,在其中输入文字"City makes life better!",设置文字字号为二号字,颜色为红色。单击选中自选图形,将打开"绘图工具"下的"格式"选项卡,在"形状样式"组中单击"形状轮廓"按钮,下拉列表中单击"标准色"栏下方的"红色"设置线条颜色为红色。在"排列"组中单击"自动换行"按钮,在弹出的下拉列表中选择"紧密型环绕"。参考范文适当调整自选图形位置。

11. 保存文件。

操作步骤:在"快速访问工具栏"上单击保存按钮 ▣,完成文件保存。

四、思考与实践

1. Word 2003 提供了自动显示"绘图画布"功能,而 Word 2010 取消了自动显示"绘图画布"功能。若需要在绘制自选图形中自动插入"绘图画布"功能,可单击"文件"选项卡下的"选项"命令,打开"Word 选项"对话框,在"Word 选项"对话框"高级"选项卡中进行设置。

2. 制作如下图所示的艺术字(计算机等级考试)。

3. 制作如下图所示的自选图形。

4. 制作如下图所示的公式。

$$\int \frac{du}{u^2 - a^2} = \frac{1}{2a} \ln \frac{u-a}{u+a} + C$$

实训二　Word 综合排版

一、实验目的

通过 Word 综合排版操作,掌握文字、段落的排版;掌握页眉、页脚的设置;掌握图文混排的编辑等。

二、实验内容

根据提供素材,参考范文(如图 1－77 所示)对 Word 文档综合排版。

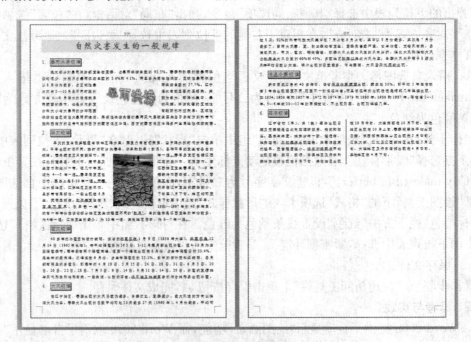

图 1－77　参考范文

三、实验步骤

在 http：//lrg. zgz. cn/sx/lny. htm 网站中下载实训 2 素材文件 EX2. rar。将 EX2. rar

压缩文件解压到 C 盘 EX2 文件夹中。右击 EX2 文件夹弹出的快捷菜单中选择属性,在弹出的 EX2"属性"对话框去掉此文件夹的只读属性。打开 EX2 文件夹中的"自然灾害.docx"文档。

1. 将页面设置为 A4 纸,左、右页边距均为 2 厘米,每页 42 行,每行 40 个字符。

操作步骤:在"页面布局"选项卡上,单击"页面设置"对话框启动器,弹出"页面设置"对话框,在"纸张"选项卡中,"纸张大小"下拉列表框中选择纸型为 A4;在"页边距"选项卡中设置左右页边距为 2 厘米;在"文档网格"选项卡"网格"栏下选择"指定行和字符网格",并设置每行 40 个字符,每页 42 行。

2. 给文章加标题"自然灾害发生的一般规律",将标题文字设置为华文新魏、一号字、水平居中、蓝色,设置标题段为黄色底纹、段前段后间距均为 0.5 行。

操作步骤 1:将插入点移至文章起始位置,输入标题"自然灾害发生的一般规律"并按下 Enter 键。选择所输标题,在"开始"选项卡上,单击"字体"对话框启动器,弹出"字体"对话框,在"字体"选项卡中设置其字体为"华文新魏"、字号为"一号"、颜色为标准色"蓝色"。

操作步骤 2:选择标题,在"开始"选项卡上,单击"段落"对话框启动器,弹出"段落"对话框,在缩进和间距选项卡中,设置水平对齐方式为"居中"、段前段后间距均为 0.5 行。

操作步骤 3:选择标题,在"开始"选项卡中,单击"段落"组中的"下框线"右侧的按钮,在弹出的下拉列表中选择"边框和底纹"选项,弹出"边框和底纹"对话框,单击"底纹"选项卡,设置标题段为黄色底纹,注意"应用于"下拉列表框中选择"段落"。

3. 参考范文,为正文中的段落"暴雨洪涝规律"、"旱灾规律"、"雹灾规律"、"大风规律"、"低温冷寒规律"和"霜冻规律"添加项目编号,编号样式为"1,2,3 …",设置其字体格式为宋体、四号字、标准色红色;并为其加绿色 1.5 磅带阴影边框,填充主题颜色为"白色,背景 1,深色 15%"底纹。

操作步骤 1:选择正文中的段落"暴雨洪涝规律",按住 Ctrl 键,继续选择正文中的段落"旱灾规律"、"雹灾规律"、"大风规律"、"低温冷寒规律"和"霜冻规律"。在"开始"选项卡上的"段落"组中,单击"编号"按钮右侧的下拉列表,在"编号库"中选择编号样式为"1,2,3 …"。

操作步骤 2:在"开始"选项卡上,单击"字体"对话框启动器,弹出"字体"对话框,在"字体"选项卡中设置其字体为"宋体"、字号为"四号字"、颜色为标准色"红色"。

操作步骤 3:在"开始"选项卡上,单击"段落"组中的"下框线"右侧的按钮 □ ,在弹出的下拉列表中选择"边框和底纹"选项,弹出"边框和底纹"对话框,单击"边框"选项卡,在设置栏下方选择"阴影"按钮,在"颜色"下拉列表框中选择标准色"蓝色",在"宽度"下拉列表框中选择"1.5 磅";单击"底纹"选项卡,在填充下拉列表中选择主题颜色为"白色,背景 1,深色 15%"。注意在"边框"选项卡和"底纹"选项卡中"应用于"下拉列表框中选择"文字"。

4. 将正文中所有的文字"灾害"设置为红色、加粗,标题除外。

操作步骤:将光标置于标题段下方正文第 1 个字符处,在"开始"选项卡上的"编辑"组中,单击"查找"旁边的箭头,然后单击"高级查找",弹出"查找和替换"对话框,在"替换"选项卡"查找内容"下拉列表框中输入"灾害","替换为"下拉列表框中输入"灾害"。单击"更多"按钮,选择"替换为"下拉列表框中的"灾害",再单击"格式"按钮中"字体"命令,弹出"字体"对话框,设置字体颜色红色、字形为加粗,在"搜索"右边的下拉列表框中选择"向下",单击

"全部替换"按钮,在随后弹出的对话框中选择"否"按钮,跳过标题段文字的替换。

5. 给文档加绿色 3 磅页面边框。

操作步骤:选择全文,在"开始"选项卡中,单击"段落"组中的"下框线"右侧的按钮,在弹出的下拉列表中选择"边框和底纹"选项,弹出"边框和底纹"对话框,单击"页面边框"选项卡,在设置栏下方选择"方框"按钮、在"颜色"下拉列表框中选择绿色、在"宽度"下拉列表框中选择 3 磅。

6. 参考范文,在正文第一段插入艺术字"暴雨洪涝",采用第三行第五列样式,设置艺术字字体格式为隶书、32 号字、四周型环绕方式,设置艺术字文字效果为前远后近。

操作步骤:在"插入"选项卡中的"文本"组中单击"艺术字"按钮,在下拉列表中选择第三行第五列的艺术字样式,在文档中出现的艺术字图文框中输入文字"暴雨洪涝",并设置字体为隶书,字号为 32。在文档中选择艺术字,在"绘图工具"的"格式"选项卡下,单击"排列"组中"自行换行"按钮,在下拉列表中选择"四周型环绕方式"命令。在"艺术字样式"组中单击"文字效果"按钮,在"转换"下拉菜单中选择"前远后近"。参考范文,移动艺术字到适当位置。

7. 参考范文,在正文适当位置以四周型环绕方式插入图片"旱灾.jpg",并设置图片高度 5 厘米、宽度 4 厘米。

操作步骤:在要插入图片的位置单击鼠标,在"插入"选项卡中的"插图"组中单击"图片"按钮,弹出"插入图片"对话框,在 EX3 文件夹中,选择图片"旱灾.jpg"插入。在文档中单击此图片,打开"图片工具"下的"格式"选项卡。在打开的"图片工具"下的"格式"选项卡下,单击"大小"对话框指示器,弹出"布局"对话框"大小"选项卡。在"大小"选项卡中,取消"锁定纵横比"和"相对图片原始大小"复选框,设置高度 5 厘米、宽度 4 厘米,在"文字"选项卡中设置其环绕方式为"四周型",移动图片到适当位置。

8. 设置奇数页页眉为"防灾",偶数页页眉为"减灾"。

操作步骤 1:在"页面布局"选项卡下,单击"页面设置"对话框启动器,弹出"页面设置"对话框,在"版式"选项卡"页眉和页脚"栏下方选择"奇偶页不同"复选框,取消"首页不同"复选框的选中状态。

操作步骤 2:在"插入"选项卡上的"页眉和页脚"组中,单击"页眉"按钮,在下拉列表中选择"编辑页眉"命令,进入页眉和页脚编辑状态,奇数页页眉键入"防灾",偶数页页眉键入"减灾",页眉和页脚设置完成后,单击"关闭页眉和页脚"按钮,回到当前的文档编辑视图。

9. 将正文最后一段分为等宽两栏,栏间加分隔线。

操作步骤:选择正文最后一段(注意段落标记不能选中),在"页面布局"选项卡中的"页面设置"组中单击"分栏"按钮,在下拉列表中选择"更多分栏"命令,弹出"分栏"对话框,在"预设"栏下方选择等宽两栏,选中"分隔线"复选框。

10. 保存文件。

操作步骤:在"快速访问工具栏"上单击保存按钮 ▣,完成文件保存。

四、思考与实践

1. Word 2010 中文档编辑的单位有字符、段落、节。如果要按节进行页面设置、页眉和页脚设置,在"页面布局"选项卡上,单击"分隔符"按钮,在下拉列中选择分节符的类型(如下一页、连续、奇数页、偶数页)。

2. 脚注和尾注用于在打印文档时为文档中的文本提供解释、批注以及相关的参考资料。可用脚注对文档内容进行注释说明,用尾注说明引用的文献。在"引用"选项卡上,单击"脚注"对话框启动器,弹出"脚注"对话框,可对"脚注和尾注"进行设置。

3. 在默认情况下,Word 2010 在键入的同时自动进行拼写检查。红色波形下划线表示可能的拼写问题,绿色波形下划线表示可能的语法问题。单击"文件"选项卡中"选项"命令,在打开的"Word 选项"对话框中,单击"校对"选项卡,可对"拼写错误"复选框和"语法错误"复选框进行设置。

4. 如果要集中删除一些相同的文字,可通过"查找和替换"功能实现。在"查找内容"下拉列表框中输入要删除的文字,"替换为"下拉列表框中不输入文字,单击全部替换。也可进行中、英标点的替换和特殊字符的替换。注意,中、英标点切换可用鼠标左键单击输入法状态窗口中的中英文标点切换按钮或者用 Ctrl ＋.(句号)键切换。

5. 制作论文目录的简要说明:

在每章前键入 Ctrl＋Enter 键插入分页符,每章均从新页开始。设置正文章节标题(以三级为例)。例如,章标题设置为标题 1、居中、黑体、小三号;节标题设置为标题 2、顶格书写、黑体、四号;小节标题设置为标题 3、缩进 2 字符、黑体、小四号;正文段落格式设置为首行缩进 2 字符、宋体、五号。

在"引用"选项卡中的"目录"组中,单击"目录"按钮,在下拉列表中选择所需的目录样式进行设置。

第二章 电子表格软件 Excel 2010

2.1 本章概述

中文版 Excel 2010 是美国微软公司发布的 Office 2010 办公套装软件家族中的核心软件之一,它具有强大的自由制表和数据处理等多种功能,是目前世界上最优秀、最流行的电子表格制作和数据处理软件之一。利用该软件,用户不仅可以制作各种精美的电子表格,还可以用来组织、计算和分析各类数据以及制作复杂的图表和财务统计表。

1. Excel 的基本功能

(1) 方便的表格操作

Excel 可以快捷地建立数据表格,即工作簿和工作表,输入和编辑工作表中的数据,方便、灵活地操作和使用工作表以及对工作表进行格式化设置。

(2) 强大的计算能力

Excel 提供简单的公式和丰富的函数,利用自定义的公式和函数可以进行各种复杂的计算。

(3) 丰富的图表表现

Excel 提供便捷的图表向导,可以轻松建立和编辑出多种类型的、与工作表对应的统计图表,并可对图表进行精美的修饰。

(4) 快速的数据库操作

Excel 把数据表与数据库操作融为一体,利用 Excel 提供的选项卡和命令可以对以工作表形式存在的数据清单进行排序、筛选和分类汇总等操作。

(5) 数据共享

Excel 提供数据共享功能,可以实现多个用户共享同一个工作簿文件,建立超链接等。

2. Excel 的主要用途

Excel 界面友好、功能丰富、操作方便,因此,在金融、财务、单据报表、市场分析、统计、工资管理、文秘处理、办公自动化等方面广泛使用。

3. Excel 2010 新增功能

(1) 新用户界面

Excel 2010 与 Excel 2003 相比有了新的外观,它放弃了曾经长期使用的菜单和工具栏用户界面,代之以全新的"选项卡和功能区"界面。

(2) 更大的工作表

在 Excel 2003 及以前的版本中,一个工作表最多可以有 65536 行、256 列;Excel 2010 在此基础上作了较大的扩展,一个工作表最多可以有 1048576 行、16384 列,其单元格数相当于 Excel 2003 工作表的1024倍。

（3）新文件格式

在过去的几年中，Excel 的 XLS 文件格式已成为行业标准。Excel 2010 仍支持该格式，但它现在使用新的基于 XML（可扩展标记语言）的 XLSX 文件格式。

（4）其他

除以上描述之外，Excel 2010 在工作表表格、样式和主题、图表、页面布局视图、条件格式、合并选项、Smart Art、公式、协作功能、兼容性检查器、数据透视表等方面也有了较大的改进。

本章以中文版 Excel 2010 为工具，通过"利用 Excel 2010 创建编辑工作表"、"Excel 2010 中公式和函数的使用"、"Excel 2010 中数据管理、分析与图表"三个案例，介绍了 Excel 2010 的填充柄自动输入序数、函数公式的应用、图表的创建、DBF 格式文件的访问、自定义序列排序、筛选和分类汇总的操作方法、数据透视表的应用等。本章意在提高读者应用 Excel 软件进行数据管理的水平。

2.2 常用操作知识点

2.2.1 基本概念

1. 工作簿

一个工作簿由一个或多个工作表组成。当启动 Excel 时，Excel 将自动产生一个新的工作簿 Book1。在默认情况下，Excel 为每个新建工作簿创建三张工作表，标签名分别为 Sheet1、Sheet2、Sheet3。一个工作簿最多可以包含 255 张工作表。单击"文件"选项卡中"选项"命令，在打开的"Excel 选项"对话框中，单击"常规"选项卡，在"新建工作簿时"栏下方"包含的工作表数"右边的微调框中进行设置。

2. 工作表

工作表是 Excel 完成一项工作的基本单位，可以输入字符串（包括汉字）、数字、日期、公式等丰富的信息。工作表由 1048576 行、16384 列组成，其单元格数相当于 Excel 2003 工作表的 1024 倍。每张工作表有一个工作表标签与之对应，如 Sheet1。用户可以直接单击工作表标签名来切换当前工作表。双击工作表表名，可以重命名工作表。工作表名的长度最多为 31 个字符（不区分汉字和西文）。

3. 单元格

行列交叉处称为单元格，是 Excel 工作簿的最小组成单位，在单元格内可以存放简单的字符或数据，也可以存放多达 32000 个字符的信息，单元格可通过地址来标识，即一个单元格可以用列号（列标）或行号（行标）来标识，如 A5。单击"文件"选项卡中"选项"命令，在打开的"Excel 选项"对话框中，单击"公式"选项卡，在"使用公式"栏下方选中"R1C1 引用样式"复选框，使得单元格地址用行号（行标）和列号（列标）来标识，如 R5C1。

2.2.2 数据的类型

1. 字符型

文本可以是字母、汉字、数字、空格和其他字符，也可以是它们的组合。在默认状态下，所有字符型数据在单元格中均是左对齐。如果把数字作为文本输入(身份证号码、电话号码等),应先输入一个半角字符的单引号',再输入相应的字符。例如,'0101;或者在编辑栏输入＝"字符",如＝"0101"。

2. 数值型

在 Excel 2010 中,数字型数据除了数字 0～9 外,还包括＋(正号)、—(负号)、,(千分位号)、.(小数点)、/、\$、%、E、e 等特殊字符。输入数值型数据默认右对齐。输入分数时,应在分数前输入 0(零)及一个空格,如分数 3/5 应该输入"0 3/5",如果直接输入则系统认为是 3 月 5 日。输入负数时,应在负数前输入负号,或将其置于括号中,如－8 或(8)。如果要输入并显示多于 11 位的数字,可以使用内置的科学记数格式(即指数格式),而且只保留 15 位的数字精度。

3. 日期时间型

Excel 2010 将日期和时间视为数字处理。在默认状态下,日期和时间型数据在单元格中右对齐。如果 Excel 2010 不能识别输入的日期或时间格式,输入的内容将被视作文本,并在单元格中左对齐。如果输入当天的日期,则按 Ctrl＋;(分号)。如果要输入当前的时间,则按 Ctrl＋Shift＋;(冒号)。如果在单元格中既输入日期又输入时间,则中间必须用空格隔开。

💡 **说明:**

当输入的文本宽度大于单元格宽度时,文本将溢出到下一个单元格中显示(除非这些单元格中已包含数据)。如果下一个单元格中包含数据,Excel 将截断输入文本的显示。

如果单元格中已存在日期型数据,用 Del 键将其内容清除,再输入一个数字,Excel 会自动将数字转换成日期(从 1900 年 1 月 1 日开始计算)。

逻辑型数据 True 或 False 在单元格中居中对齐。

2.2.3　数据输入

1. 单元格中输入数据

单击要向其中输入数据的单元格,键入数据并按 Enter 或 Tab 键。双击已有数据的单元格,则可进行数据的修改。

2. 同时在多个单元格中输入相同数据

选定需要输入数据的单元格区域,键入相应数据,然后按 Ctrl＋Enter 键。

3. 同时在多张工作表中输入相同的数据

选定需要输入数据的多个工作表,在第一个选定单元格中键入相应的数据,然后按 Enter 或 Tab 键。

4. 记忆式键入法

如果在单元格中键入的起始字符与该列已有的录入项相符,Excel 可以自动填写其余的字符。如果接受建议的录入项,按 Enter 键。如果不想采用自动提供的字符,继续键入。如果要删除自动提供的字符,按 Backspace 键。如果要从录入项列表中选择数据列中已存在的录入项,用鼠标右键单击单元格,然后在快捷菜单上单击"从下拉列表中选择"。

5. 填充一系列数字、日期或其他项目

在需要填充的单元格区域中选择第一个单元格输入初始值,在下一个单元格中输入值以创建序列。选定包含初始值的两个单元格,移动光标至选定区域右下角的填充柄上(鼠标指针由空心十字变为实心十字),如果要按升序排列,拖动鼠标从上到下或从左到右完成填充。如果要按降序排列,拖动鼠标从下到上或从右到左完成填充。右击填充柄完成填充时可通过选择"自动填充选项"来选择填充所选单元格的方式。例如,可选择"仅填充格式"、"复制单元格"、"填充序列"或"不带格式填充",也可以选择"等差序列"、"等比序列"或"序列"命令进行更精确的设置。

💡 说明:

填充序列的另一种方法如下:选择填充区域,区域中第一个单元格开始至少有一个数据;在"开始"选项卡的"编辑"组中单击"填充"按钮,在弹出的下拉列表中选择"序列"命令,打开"序列"对话框,如图 2-1 所示。在"序列产生在"栏下方的单选按钮中选定行或列指定按行或列方向填充。在"类型"栏下方的单选按钮中选定序列的种类,如等差或等比序列。在"步长值"右边的文本框中输入等差序列的增减量或等比序列的比例因子,在"终止值"右边的文本框中输入终止值。

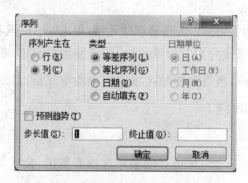

图 2-1 "序列"对话框

初始值为纯数字型数据或文字型数据时,拖动填充柄在相应单元格中填充相同数据(即复制填充)。若拖动填充柄的同时按住 Ctrl 键,可使数字型数据自动增 1。

初始值为文字型数据和数字数据混合体,拖动填充柄填充时文字不变,数字递增减,如初始值为 A1,则填充为 A2、A3、A4 等。初始值为 Excel 预设序列中的数据,则按预设序列填充。初始值为日期时间型数据及具有增减可能的文字型数据,则自动增 1。若拖动填充柄的同时按住 Ctrl 键,则在相应单元格中填充相同数据。

2.2.4 编辑数据

1. 单元格、区域的选择

选择单个单元格:单击相应的单元格。

选择某个单元格区域:单击选定该区域的第一个单元格,然后拖动鼠标直至选定最后一个单元格。

选择工作表中的所有单元格:单击第一行上边第一列左边的全选按钮。

选择不相邻的单元格或单元格区域:先选定第一个单元格或单元格区域,然后按住 Ctrl 键,再选定其他的单元格或单元格区域。

选择整行或整列:单击行标或列标。

选择不相邻的行或列：先选定一行或一列，然后按住 Ctrl 键，再选定其他的行或列。

选择较大的单元格区域：单击选定区域的第一个单元格，然后按住 Shift 键，再单击该区域的最后一个单元格。

2. 清除单元格、行、列格式或内容

选定需要清除其格式或内容的单元格、行或列。在"开始"选项卡的"编辑"组中单击"清除"按钮，在下拉列表中单击"清除格式"、"清除内容"、"清除超链接"或"清除批注"命令。如果单击"全部清除"命令能够清除格式和内容，同时清除单元格批注和数据有效性。

💡 **说明：**

如果选定单元格后按键盘上的 Delete 键或 Backspace 键，Excel 将只清除单元格中的内容，而保留其中的批注或单元格格式。清除单元格只是删除了单元格中的内容，但是空白单元格仍然保留在工作表中。在"开始"选项卡的"单元格"组中单击"删除"按钮，在下拉列表中选择"删除单元格"命令，在弹出的"删除"对话框中设置删除单元格的方式，Excel 将从工作表中移去这些单元格。

3. 移动和复制单元格

选定要移动或复制的单元格。若是移动单元格，单击"文件"选项卡"剪贴板"组中的"剪切"按钮 ✄ ，再选择粘贴区域的左上角单元格；若是复制单元格，单击"文件"选项卡"剪贴板"组中的"复制"按钮 📋▾ ，再选择粘贴区域的左上角单元格；最后单击"文件"选项卡"剪贴板"组中的"粘贴"按钮 📋 。

💡 **说明：**

单击"粘贴"下方的箭头 📋 ，可选择的粘贴选项有数值、公式等。也可以选择"选择性粘贴"命令，打开"选择性粘贴"对话框，如图 2-2 所示，选择"转置"复选框可实现列转换为行或行转换为列的功能，"粘贴链接"可实现源和目标单元格数据的同步变化。

图 2-2　"选择性粘贴"对话框

4. 插入空白单元格、行或列

先选定合适的区域，再进行插入。

插入新的空白单元格：选定要插入新的空白单元格的单元格区域。选定的单元格数目应与要插入的单元格数目相等。

插入一行：单击需要插入的新行之下相邻行中的任意单元格。例如，若要在第 4 行之上插入一行，请单击第 4 行中的任意单元格。

插入多行：选定需要插入的新行之下相邻的若干行。选定的行数应与要插入的行数相等。

插入一列：单击需要插入的新列右侧相邻列中的任意单元格。例如，若要在 C 列左侧插入一列，单击 C 列中的任意单元格。

插入多列：选定需要插入的新列右侧相邻的若干列。选定的列数应与要插入的列数相等。

在完成选定单元格、行或列操作后，在"开始"选项卡的"单元格"组中单击"插入"按钮，在弹出的下拉列表中单击"插入单元格"、"插入工作表行"或"插入工作表列"。

💡 说明：

插入单元格的四个选项为"活动单元格右移"、"活动单元格下移"、"整行"或"整列"。

5. 删除单元格、行或列

在完成选定单元格、行或列操作后，在"开始"选项卡的"单元格"组中单击"删除"按钮，在弹出的下拉列表中单击"删除单元格"、"删除工作表行"或"删除工作表列"。

💡 说明：

删除单元格的四个选项为"右侧单元格左移"、"下方单元格上移"、"整行"或"整列"，如图 2-3 所示。

6. 指定有效的单元格输入项

选定单元格，在"数据"选项卡的"数据工具"组中单击"数据有效性"按钮，如图 2-4 所示。

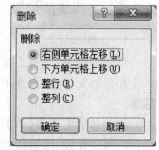

图 2-3　"删除"对话框

图 2-4　单击"数据有效性"按钮

在下拉列表中选择"数据有效性"命令，打开"数据有效性"对话框，如图 2-5 所示。

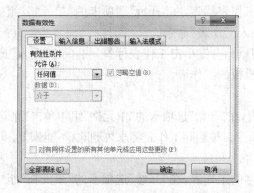

图 2-5　"数据有效性"对话框

在"设置"选项卡中指定数据的有效性类型,在"允许"下拉框中可选择"整数"、"小数"、"日期"、"时间"、"序列"等,再设置相应的条件。如果希望空白单元格(空值)有效,选中"忽略空值"复选框。如果要避免输入空值,清除"忽略空值"复选框。

若要在单击该单元格后显示一个可选择的输入信息,单击"输入信息"选项卡,选中"选定单元格时显示输入信息"复选框,然后输入该信息的标题和正文。若要在单元格中输入无效数据时显示出错警告信息,单击"出错警告"选项卡,选中"输入无效数据时显示出错警告"复选框,在样式下拉列表框中选择"停止"、"警告"、"信息",然后输入相应样式的标题和正文。

若要在单元格中输入的数据限制为下拉列表中的值,可在"数据有效性"对话框中,单击"设置"选项卡。在"允许"框中,选择"序列"。单击"来源"框,然后键入用 Microsoft(默认情况下使用逗号)分隔的列表值。如"助教,讲师,副教授,教授",选中"提供下拉箭头"复选框,其效果如图 2-6 所示。

图 2-6　数据有效性
"序列"效果图

2.2.5　工作表的编辑

1. 选择工作表

单张工作表:单击工作表标签。

相邻的工作表:先选中第一张工作表的标签,再按住 Shift 键单击最后一张工作表的标签。

不相邻的工作表:单击第一张工作表的标签,再按住 Ctrl 键单击其他工作表的标签。

所有工作表:用鼠标右键单击工作表标签,再单击快捷菜单上的"选定全部工作表"。

💡 说明:

若要取消对工作簿中多张工作表的选取,请单击工作簿中任意一个未选取的工作表标签。

2. 插入新工作表

插入单张工作表:在"开始"选项卡的"单元格"组中单击"插入"按钮,在弹出的下拉列表中单击"插入工作表"命令。

插入多张工作表:确定要添加工作表的数目,按住 Shift 键,然后在打开的工作簿中选择要添加的相同数目的工作表标签,在"开始"选项卡的"单元格"组中单击"插入"按钮,在弹出的下拉列表中单击"插入工作表"命令。

插入其他工作表:用鼠标右键单击工作表标签,再单击"插入"命令,在打开的"插入"对话框中可插入基于某种模板的工作表。

3. 删除工作表

选定要删除的工作表,在"开始"选项卡的"单元格"组中单击"删除"按钮,在弹出的下拉列表中单击"删除工作表"命令。被删除工作表将永久删除,不能恢复。

4. 移动或复制工作表

选定需要移动或复制的工作表,在"开始"选项卡的"单元格"组中单击"格式"按钮,在弹出的下拉列表中单击"移动或复制工作表"命令,弹出如图 2-7 所示的"移动或复制工作表"对话框。

图 2-7　"移动或复制工作表"对话框

若要将所选工作表移动或复制到新工作簿中,选择工作簿下拉列表框中"新工作簿",在"下列选定工作表之前"框中,确定"移动或复制的工作表"的位置。若要复制而非移动工作表,选中"建立副本"复选框。

💡 **说明：**

若要在当前工作簿中移动工作表,可以沿工作表标签行拖动选定的工作表。若要复制工作表,按住 Ctrl 键拖动工作表,并在到达目的地释放鼠标按钮后,再放开 Ctrl 键。

5. 重命名工作表

选定工作表,在"开始"选项卡的"单元格"组中单击"格式"按钮,在弹出的下拉列表中单击"重命名工作表"命令,键入新名称覆盖当前名称。也可以双击或右击工作表标签名实现工作表的重命名。

6. 拆分工作表

在垂直滚动条的顶端或水平滚动条的右端指向拆分框,当鼠标变为拆分指针 ⬍ 后,将拆分框向下或向左拖至所需的位置。

将拆分条拖回到原来的位置或在"视图"选项卡"窗口"命令组单击"拆分"命令可取消窗口的拆分。

7. 冻结工作表

冻结功能是滚动工作表时保持可见的数据和行、列标志。

在"视图"选项卡"窗口"命令组中单击"冻结窗格"按钮,在下拉列表中单击"冻结首行"命令可冻结首行。

在"视图"选项卡"窗口"命令组中单击"冻结窗格"按钮,在下拉列表中单击"冻结首列"命令可冻结首列。

在"视图"选项卡"窗口"命令组中单击"冻结窗格"按钮,在下拉列表中单击"冻结拆分窗格"命令可冻结拆分窗格。

如果要取消窗口冻结,在"视图"选项卡"窗口"命令组中单击"冻结窗格"按钮,在下拉列表中单击"取消冻结窗格"命令。

8. 设置工作表列宽

方法一:拖动列标题的列边框来设置所需的列宽。

方法二:双击列标列边框,使列宽适合单元格中的内容(即与单元格中的内容的宽度一致)。

　　方法三：选定相应的列，在"开始"选项卡的"单元格"组中单击"格式"按钮，在弹出的下拉列表中单击"列宽"命令，在"列宽"对话框中输入所需的宽度（用数字表示）。

　　方法四：复制列宽，如果要将某一列的列宽复制到其他列中，则选定该列中的单元格，并单击"文件"选项卡"剪贴板"组中的的"复制"按钮，然后选定目标列。单击"文件"选项卡"剪贴板"组中的的"粘贴"下方的箭头 ，选择"选择性粘贴"命令，打开"选择性粘贴"对话框，在弹出的"选择性粘贴"对话框中单击"列宽"选项。

　　9. 设置工作表行高

　　方法一：拖动行标题的行边框来设置所需的行高。

　　方法二：双击行标题下方的行边框，使行高适合单元格中的内容（行高的大小与该行字符的最大字号有关）。

　　方法三：选定相应的行，在"开始"选项卡的"单元格"组中单击"格式"按钮，在弹出的下拉列表中单击"行高"命令，在"行高"对话框中输入所需的宽度（用数字表示）。

2.2.6　工作表的格式化

　　1. 单元格格式化

　　单元格的格式化包括六部分：数字、对齐、字体、边框、填充和保护。选定要进行格式化的单元格或单元格区域，在"开始"选项卡的"单元格"组中单击"格式"按钮，在弹出的下拉列表中单击"设置单元格格式"命令，弹出"单元格格式"对话框，如图 2-8 所示。

图 2-8　"设置单元格格式"对话框

　　在"数字"选项卡中，可以对各种类型的数据进行相应的显示格式设置，例如设置数值的小数位数、千分位分隔符、百分比的小数位数，也可以自定义数据的格式。

　　在"对齐"选项卡中，可以对单元格中的数据进行水平对齐、垂直对齐及文本控制的格式设置，例如设置单元格区域的跨列居中、合并单元格并居中、自动换行，也可以设置单元格文字的旋转。

在"字体"选项卡中,可以对字体、字形、大小、颜色等进行格式定义,也可以添加特殊效果,如删除线、上标、下标。

在"边框"选项卡中,可以对单元格的边框以及边框类型、颜色等进行格式定义。操作时要注意先选择线条样式,再选择线条颜色,最后选择相应的边框类型,并且可以设置单元格的斜线表头。

在"填充"选项卡中,可以设置突出显示某些单元格或单元格区域,为这些单元格设置背景色和图案。

在"保护"选项卡中,可以进行单元格的保护设置,例如锁定和隐藏。

注意:通过"开始"选项卡的"字体"组、"对齐方式"组、"数字"组内的按钮可快速完成某些单元格格式化工作,如图2-9所示。

图2-9 "字体"组、"对齐方式"组、"数字"组

💡 **说明:**

将数字设置为文本格式的方法:在"开始"选项卡的"数字"组中单击"常规"右侧的下拉列表箭头,在弹出的下拉列表中单击"文本"命令。

单元格内输入的数字如超过11位,自动以科学计数法显示。

2. 条件格式

在工作表中有时为了突出显示满足设定条件的数据,可以设置单元格的条件格式,用于对选定区域满足设定的条件的各单元格中的数据动态地设置格式。设置条件格式的操作办法是:选定要设置条件格式的单元格或单元格区域,在"开始"选项卡的"样式"组中,单击"条件格式"按钮,在打开的下拉列表中单击"突出显示单元格规则",级联下拉菜单中选择"大于"、"小于"、"介于"或"等于"等命令,图2-10是"介于"命令的对话框。

图2-10 "介于"命令对话框

在对话框中设置单元格数值的范围,在"设置为"右侧的下拉列表中设置单元格的格式。

如果在下拉列表中选择"项目选取规则",级联下拉菜单中选择"值最大的10项"、"值最大的10%项"、"值最小的10项"、"值最小的10%项"、"高于平均值"或"低于平均值"等命令,打开相应对话框设置合适的显示格式,系统将自动对所选单元格区域数据进行分析,筛选出符合条件的数据,并将这些数据以设置的格式突出显示。

另外,还可以使用"数据条"、"色阶"或"图标集",Excel将根据数据大小、高低不同,利用长短不一的颜色条、不同的图标或渐变色阶,直观地反映数据的分布和变化。也可以根据需要"新建格式规则"。

3. 自动套用格式

Excel 提供了多种已经设置好的表格格式,可以很方便地选择所需样式,并将其套用到选定的工作表单元格区域。

选定要自动套用表格格式的单元格区域,在"开始"选项卡的"样式"组中,单击"套用表格格式"按钮,在弹出的下拉列表中选择一种套用的格式。

2.2.7 导入外部数据

外部数据,是指存储在 Excel 以外的软件财务系统、大型机或数据库等位置的数据。导入外部数据之后,不必在 Excel 中手动键入它们了,可以导入的外部数据文件有 .txt、.dbf、.mdb等。

1. 导入 .txt 文件

在"数据"选项卡的"获取外部数据"组中,单击"自文本"按钮,弹出"导入文本文件"对话框,双击要导入的文本文件,弹出"文本导入向导—第 1 步,共 3 步"对话框,如图 2-11 所示。如果在步骤 1 中选择了"分隔符号",则需要选择在文件中使用的分隔符类型"Tab键"、"空格"、"分号"、"逗号"或"其他"。如果选择的分隔符类型正确,则可以在底部的预览框中查看数据的外观,各列会正确地对齐。如果在步骤 1 中选择了"固定宽度",则可以通过单击来调整列边界,进而拆分列。

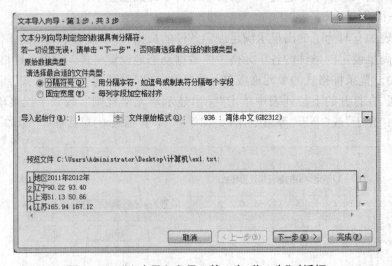

图 2-11 "文本导入向导—第 1 步,共 3 步"对话框

首先确定原始数据的类型,是分隔符号还是固定宽度。在导入起始行后面的微调框中确定是从第几行开始导入。在向导底部的预览中,可以查看文件中的数据。单击下一步按钮,弹出"文本导入向导—第 2 步,共 3 步"对话框,如图 2-12 所示。在向导的第 2 步中,请选择正确的分隔符。

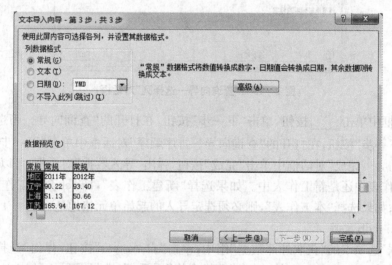

图 2‑12　"文本导入向导—第 2 步，共 3 步"对话框

单击下一步按钮，弹出"文本导入向导—第 3 步，共 3 步"对话框，如图 2‑13 所示。

图 2‑13　"文本导入向导—第 3 步，共 3 步"对话框

在向导的第 3 步中，可以根据需要来更改格式。Excel 会自动将每个列的格式设置为"常规"，数值会转换为数字，日期值会转换为日期，而其余所有值都会转换为文本。还可以更改列的格式，选择列，然后在"列数据格式"下选择一个选项，通过选择"不导入此列"选项，可以跳过某个列而不导入它。单击完成按钮，弹出"导入数据"对话框，可以设置将数据置于现有工作表中还是新工作表中。如果选择"新建工作表"，Excel 会在工作簿中插入一个新工作表；如果选择"本工作表"，则必须选定导入的起始单元格地址。

2. 导入 .dbf 文件

在"数据"选项卡的"获取外部数据"组中，单击"自其他来源"按钮，在弹出的下拉列表中选择"来自 Microsoft Query"命令，在弹出的"选择数据源"对话框中选择"Visual FoxPro Tables＊"，单击"确定"按钮，打开图 2‑14 所示的对话框。

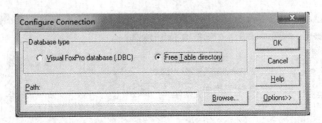

图 2 - 14　"Configure Connection"对话框

在对话框中单击"Browse"按钮,选择"DBF"文件,单击"OK"按钮,打开图2-15所示的对话框。

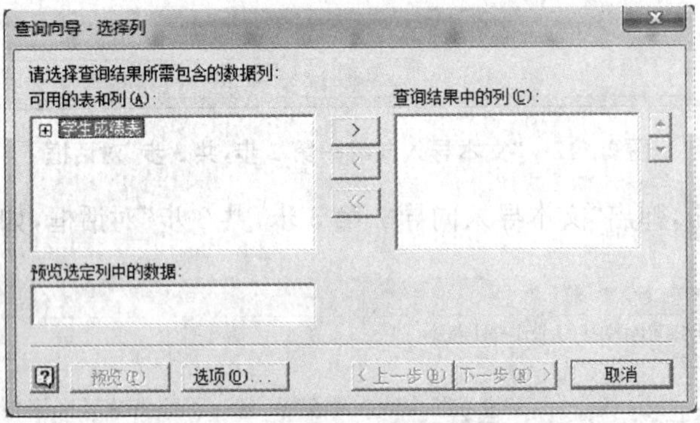

图 2 - 15　"查询向导—选择列"对话框

在对话框中单击　＞　按钮,单击"下一步"按钮,在打开的"查询向导—筛选数据"对话框中单击"下一步"按钮,在打开的"查询向导—排序顺序"对话框中单击"下一步"按钮,在打开的"查询向导—完成"对话框中单击"完成"按钮,弹出"导入数据"对话框,可以设置将数据置于现有工作表中还是新工作表中。如果选择"新建工作表",Excel 会在工作簿中插入一个新工作表;如果选择"本工作表",则必须选定导入的起始单元格地址。

3. 导入.mdb 文件

在"数据"选项卡的"获取外部数据"组中,单击"自 Access"按钮,弹出"选择数据源"对话框,双击要导入的 Access 文件,弹出"选择表格"对话框,选择要导入的表文件,单击"确定"按钮,弹出"导入数据"对话框,可以设置将数据置于现有工作表中还是新工作表中。如果选择"新建工作表",Excel 会在工作簿中插入一个新工作表;如果选择"本工作表",则必须选定导入的起始单元格地址。

💡 说明:

在"文件"选项卡中单击"打开"命令,也可以打开外部数据(* . txt, * . dbf, * . mdb),但是数据不能刷新。

在"数据"选项卡的"获取外部数据"组中导入外部数据(* . txt, * . dbf, * . mdb),数据可以刷新。

Word 和网页中的表格可以通过复制和粘贴的方法导入 Excel 中,如果只复制数据而不需要格式,可以采用选择性粘贴的方法。

2.2.8 公式的输入

公式是对工作表中数值执行计算的等式,公式要以等号(=)开始。例如,在下面的公式中,"=5+2*3"结果等于 2 乘 3 再加 5。公式的输入操作过程如下:单击需输入公式的单元格,键入"="(等号),输入公式内容,按 Enter 键。公式中可以包括函数、引用、运算符和常量。

1. 运算符

运算符对公式中的元素进行特定类型的运算。Microsoft Excel 包含四种类型的运算符:算术运算符、比较运算符、文本连接运算符和引用运算符。

(1) 算术运算符

完成基本的数学运算,例如+(加号)、-(减号或负号)、*(星号或乘号)、/(除号)、%(百分号)、∧(乘方),返回值为数值。

(2) 比较运算符

比较两个值,结果是逻辑值 TRUE 或 FALSE,例如=(等号)、>(大于)、<(小于)、>=(大于等于)、<=(小于等于)、<>(不等于)。

(3) 文本连接运算符

使用 & 连接文本字符串产生组合文本。例如输入"=南京"&"财经"&"大学",将产生"南京财经大学"的结果。

(4) 引用运算符

使用引用运算符可以将单元格区域合并计算。例如,:(冒号)区域运算符,产生对包括在两个引用之间的所有单元格的引用(如 B5:B15);,(逗号)联合运算符,将多个引用合并为一个引用(如=SUM(B5:B15,D5:D15));(空格)交叉运算符产生对两个引用共有的单元格的引用(如 B7:D7 C6:C8)。

(5) 运算符运算优先级

运算符优先顺序:=(冒号)→%(百分比)→^(乘幂)→*(乘)/(除)→+(加)-(减)&(连接符)→<>、<=、<、=、>、>=(比较运算符)。对于优先级相同的运算符,则从左到右进行计算。如果要修改计算顺序,则应把公式中需要首先计算的部分括在圆括号内。

2. 单元格引用

引用的作用在于标识工作表上的单元格或单元格区域,并指明公式中所使用的数据的位置。通过引用,可以在公式中使用工作表不同部分的数据,或者在多个公式中使用同一个单元格的数值,还可以引用同一个工作簿中不同工作表上的单元格和其他工作簿中的数据。引用不同工作簿中的单元格称为链接。Excel 单元格的引用有三种基本方式:相对引用、绝对引用和混合引用,默认为相对引用。

绝对引用:指公式中的单元格或单元格区域地址不随着公式位置的改变而发生改变。不论公式的单元格处在什么位置,公式中所引用的单元格位置都是其在工作表中确切位置。绝对单元格引用的形式是每一个列标及行号前加一个 $ 符号,例如,B2 的公式= $A$1,如果将单元格 B2 中的绝对引用复制到单元格 B3,则 B3 的公式= $A$1。

相对引用:是指单元格引用会随公式所在位置的变化而改变,公式的值将会依据更改后的单元格地址的值重新计算。例如,B2 的公式=A1,如果将单元格 B2 中的相对引用复制到单元格 B3,则 B3 的公式＝A2。

混合引用:混合引用具有绝对列和相对行,或是绝对行和相对列两种形式。绝对引用列采用 ＄A1、＄B1 等形式,绝对引用行采用 A＄1、B＄1 等形式。如果公式所在单元格的位置改变,则相对引用改变,而绝对引用不变。如果多行或多列地复制公式,相对引用自动调整,而绝对引用不作调整。例如,B2 的公式＝ A＄1,如果将单元格 B2 中的混合引用复制到单元格 B3,则 B3 的公式＝B＄1。

A1 引用样式:默认情况下,Excel 使用 A1 引用样式,此样式引用字母标识列(从 A 到 XFD,共 16384 列),引用数字标识行(从 1 到 1 048576)。若要引用某个单元格,请输入列标和行号。例如,B2 引用列 B 和行 2 交叉处的单元格,A10:E20 引用列 A 到列 E 和行 10 到行 20 之间的单元格区域。引用同一工作簿其他工作表中的单元格的格式:工作表名!＋单元格。例如,在 Sheet3 的 A1 单元格内输入公式＝Sheet1! A1-Sheet2! A1。

在 Excel 中,不但可以引用同一工作簿中的单元格,还能引用不同工作簿中的单元格,引用格式:[工作簿名]＋工作表名!＋单元格。例如,在 Book1 中引用 Book2 的 Sheet1 的第四行第六列,可表示:＝[Book2]Sheet1! F4。

R1C1 引用样式:在"文件"选项卡中单击"选项"按钮,打开"Excel 选项"对话框,在"公式"选项卡中"使用公式"栏下方选中"R1C1 引用样式"复选框,使得单元格地址用行号(行标)和列号(列标)来标识。例如 R[-2]C 对在同一列、上面两行的单元格的相对引用,R[2]C[2] 对在下面两行、右面两列的单元格的相对引用。R2C2 对在工作表的第二行、第二列的单元格绝对引用,R[-1] 对活动单元格整个上面一行单元格区域相对引用,R 对当前行绝对引用。

💡 **说明:**

如果需要在相对引用、绝对引用和混合引用之间进行转换,先选定包含公式的单元格,然后在编辑栏的编辑框中选定要转换引用方式的单元格地址,反复按 F4 功能键,选定的单元格地址在相对引用、绝对引用和混合引用之间循环变化。

3. 函数

函数是一些预定义的公式,通过使用一些称为参数的特定数值来按特定的顺序或结构执行计算。函数可用于执行简单或复杂的计算。例如,ROUND 函数可将单元格中的数字四舍五入。

(1) 函数的输入操作过程

单击需输入公式的单元格,若要使公式以函数开始,单击编辑栏 f_x 上的"插入函数" 🔳 按钮。选定要使用的函数,输入参数。若要将单元格引用作为参数输入,单击"压缩"对话框以暂时隐藏该对话框。在工作表上选择单元格,然后按"展开"对话框 🔳。完成输入公式后,按 Enter 键。若要将其他函数作为参数输入,在参数框中输入所需函数。也可以应用"公式"选项卡"函数库"组中的"自动求和"按钮 **∑** 求对应列或行的合计值。
自动求和

(2) 常用函数

LEFT 函数主要功能:从一个文本字符串的第一个字符开始,截取指定数目的字符。例如,＝ LEFT("LOVE YOU",4),确认后显示"LOVE"字符。

RIGHT 函数主要功能:从一个文本字符串的最后一个字符开始,截取指定数目的字符。例如,= RIGHT("LOVE YOU",3),确认后显示"YOU"字符。

MID 函数主要功能:从一个文本字符串的指定位置开始,截取指定数目的字符。例如,= MID("I LOVE YOU",3,4),确认后显示"LOVE"字符。

SUM 主要功能:计算所有参数数值的和。

SUMIF 主要功能:计算区域中符合指定条件的数值的和。例如,= SUMIF(B2:B5,">=32")计算 B2、B3、B4、B5 单元格中值大于或等于 32 的数值的和。

AVERAGE 主要功能:计算所有参数数值的平均值。

COUNT 主要功能:计算包含数字的单元格个数。

COUNTIF 主要功能:计算大于或小于某个数的数字个数。例如,= COUNTIF(B2:B5,">=32")计算 B2、B3、B4、B5 单元格中值大于或等于 32 的数字个数。

MAX 主要功能:计算参数列表中的最大值。

MIN 主要功能:计算参数列表中的最小值。

IF 主要功能:根据对指定条件的逻辑判断的真假结果,返回相对应的内容。例如,在 B2 单元格中输入=IF(A1>=60,"及格","不及格"),如果 A1 单元格中的数值大于或等于 60,则 B2 单元格显示"及格"字样,否则显示"不及格"字样。

RANK 主要功能:返回某一数值在一列数值中的相对于其他数值的排位。

VLOOKUP 主要功能:在数据表的首列查找指定的数值,返回数据表当前行中指定列处的数值。

（3）创建数组公式

如果要使数组公式能计算出多个结果,必须将数组输入到与数组参数具有相同列数和行数的单元格区域中。选中需要输入数组公式的单元格区域,键入数组公式,按 Ctrl+Shift+Enter 键。例如,选择某工作表 E7－E9 列,输入公式={C7:C9 * D7:D9}表示 C7、C8、C9 分别和 D7、D8、D9 相乘,结果放入 E7、E8、E9 单元格中。

如果要使数组公式能计算出单个结果,可简化工作表模型。单击需输入数组公式的单元格,键入数组公式,按 Ctrl+Shift+Enter 键。例如,选择某工作表 E10 列,输入公式{=sum(C7:C9 * D7:D9)}表示 C7、C8、C9 分别和 D7、D8、D9 相乘,结果相加放入 E10 单元格中。

2.2.9 记录单

具有二维表性质的电子表格在 Excel 中被称为数据清单,数据清单类似于数据库表,其中行表示记录,列表示字段。数据清单的第一行必须为文本类型,为相应列的名称。在此行的下面是连续的数据区域,每一列包含相同类型的数据。在执行数据库表操作(如查询、排序等)时,Excel 会自动将数据清单视作数据库表,并使用下列数据清单中的元素来组织数据:数据清单中的列是数据库表中的字段,数据清单中的列标志是数据库表中的字段名称,数据清单中的每一行对应数据库表中的一条记录。

用户在创建数据清单时应遵循以下规则:① 一个数据清单最好占用一个工作表;② 数据清单是一片连续的数据区域,不允许出现空行和空列;③ 每一列包含相同类型的数据;④ 在工作表的数据清单与其他数据间至少应留出一个空列和一个空行;⑤ 不要在数据前面或后面输入空格,单元格开头和末尾的多余空格会影响排序与搜索。

记录单操作过程:在"文件"选项卡中单击"选项"按钮,打开"Excel 选项"对话框,在"快速访问工具栏"选项卡"从下列位置选择命令"下拉列表框中选择"不在功能区中的命令"选项,然后在下方的列表框中选择"记录单…"选项,单击"添加"按钮,再单击"确定"按钮,将"记录单"添加到快速访问工具栏。单击"快速访问工具栏"上的"记录单"按钮▣,打开"记录单"对话框。可以使用记录单添加、修改、删除数据,还可以使用记录单搜索满足指定条件的记录,如图2-16所示。

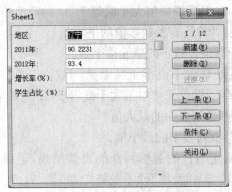

图 2-16　"记录单"对话框

2.2.10　数据排序

在日常数据处理中,经常需要按某种规律排列数据。Excel可以按字母、数字或日期等数据类型进行排序,排序有升序和降序两种方式,升序就是从小到大排序,降序就是从大到小排序。可以使用一列数据作为一个关键字段进行排序,也可以使用多列数据作为关键字段进行排序,最多按64个关键字排序。

数据升序和降序判断的原则:① 数字优先,按1~9位升序,从最小的负数到最大的正数进行排序。② 日期为数字类型按折合天数的数值排序,即从最远日期到最近日期为升序。③ 文本字符,先排数字文本,再排符号文本,接着排英文字符,最后排中文字符。④ 系统默认排序不分大小写字符。⑤ 逻辑值按其字符串拼写排序,先"FALSE"再"TRUE"为升序。⑥ 公式按其计算结果排序。⑦ 空格始终排在最后。

数据排序操作过程:在需要排序的区域中单击任一单元格,在"数据"选项卡"排序和筛选"组中单击"排序"按钮 ,弹出"排序"对话框,如图2-17所示。

图 2-17　"排序"对话框

在"主要关键字"右侧的下拉列表框中选择需要排序的列；在"排序依据"下拉列表框中选择"数值"、"单元格颜色"、"字体颜色"或"单元格图案"选项；在"次序"下拉列表中选择"升序"、"降序"、"自定义序列"等排序方式。若要从排序中排除第一行数据（因该行为列标题），在"排序"对话框中选择"数据包含标题"复选框。单击"选项"按钮，打开"排序选项"对话框，如图 2-18 所示。

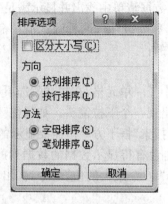

图 2-18 "排序选项"对话框

若要执行区分大小写的排序，选中"区分大小写"复选框。在"方向"栏下方选中"按行排序"，实现按行排序的功能。在"方法"栏下方可设置"字母排序"或"笔画排序"。

如果要添加排序规则，在"排序"对话框中单击"添加条件"按钮，设置"次要关键字"。如果按一个关键字段排序，可以单击"数据"选项卡"排序和筛选"组中的"升序排序" 或"降序排序" 。

💡 **说明：**

数据排序也可以采用自定义序列的方法。

自定义序列方法如下：在单元格区域中，按照一定的次序输入自定义序列内容。例如，助工、工程师、高工、总工。选定相应的区域，在"文件"选项卡中单击"选项"按钮，打开"Excel 选项"对话框，在"高级"选项卡中单击"编辑自定义列表"按钮，打开"自定义序列"对话框，如图 2-19 所示。在对话框中，单击"导入"按钮即可导入自定义序列。

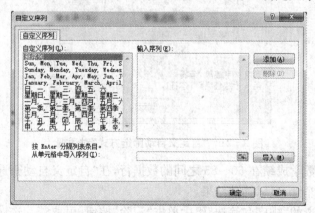

图 2-19 "自定义序列"对话框

　　按照自定义序列排序方法如下：在需要排序的区域中，单击任一单元格。在"数据"选项卡"排序和筛选"组中单击"排序"按钮，弹出"排序"对话框。在"主要关键字"右侧的下拉列表框中选择需要排序的列，在"次序"下拉列表中选择"自定义序列"排序方式。

2.2.11　数据筛选

　　筛选是根据给定的条件，从数据清单中找出并显示满足条件的记录，不满足条件的记录被隐藏。Excel 提供了自动筛选和高级筛选两种筛选清单命令。与排序不同，筛选并不重排清单，只是暂时隐藏不必显示的行。

　　1. 自动筛选

　　单击需要筛选的数据清单中任一单元格，在"数据"选项卡的"排序和筛选"组中单击"筛选"按钮，在每个字段名右侧均出现一个下拉箭头。如果需要只显示含有特定值的数据行，则可以在相应字段的下拉列表"搜索"框下方单击需要显示的数值。如果用户要求显示最大的或是最小的几项，可以先单击含有待显示数据的数据列的下拉箭头，在下拉列表中选择"数字筛选"，在级联菜单中选择"10 个最大的值"命令，弹出"自动筛选前 10 个"对话框，如图 2-20 所示。

图 2-20　"自动筛选前 10 个"对话框

　　在弹出的"自动筛选前 10 个"对话框中设置显示最大最小几项或者最大最小百分比。如果要使用的比较运算不是简单的"等于"，则在选定的列上使用"自定义筛选"命令，弹出"自定义自动筛选方式"对话框，如图 2-21 所示。

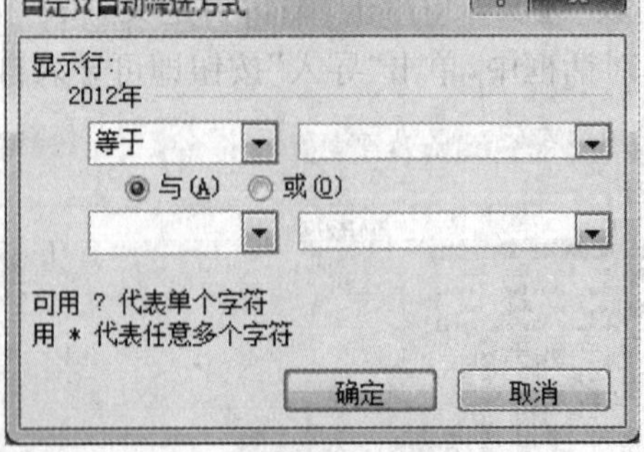

图 2-21　"自定义自动筛选方式"对话框

　　例如要筛选出数学成绩在 60～85 之间的数据行，在"自定义自动筛选方式"对话框中输入筛选条件后按回车键，显示筛选结果。

　　在"数据"选项卡的"排序和筛选"组中单击"清除"按钮，可取消筛选，恢复所有数据。此时筛选下拉箭头并不消失。如果要取消自动筛选状态，需再次单击"数据"选项卡的"排序和筛选"组中的"筛选"按钮。

2. 高级筛选

如果用户要使用高级筛选,一定要先建立一个条件区域,条件区域用来指定筛选的数据必须满足的条件。单击需要筛选的数据清单中任一单元格,在"数据"选项卡的"排序和筛选"组中单击"高级"按钮,弹出"高级筛选"对话框,如图 2-22 所示。

图 2-22 "高级筛选"对话框

用鼠标选定条件区域。如果列表区域显示的结果与要求不一致,用鼠标重新选定列表区域。如果将筛选结果复制到其他位置,选定"复制到"同一工作表列表区域外任一单元格。选中"选择不重复的记录"复选框可以隐藏重复的记录。

💡 说明:

从 Excel 列表中删除重复行也可以用高级筛选的方法实现,不需要选定条件区域,选中"选择不重复的记录"复选框可获取唯一的行,删除原始列表,然后使用筛选过的列表替换原始列表。

2.2.12 数据分类汇总

分类汇总是把数据清单中的数据分门别类地统计处理。不需要用户自己建立公式,Excel 将会自动对各类别的数据进行求和、求平均等多种计算,并且把汇总的结果以"分类汇总"和"总计"显示出来。在 Excel 中分类汇总可进行的计算有求和、平均值、最大值、最小值等。注意,数据清单中必须包含带有标题的列,并且数据清单必须先要对分类汇总的列进行排序。

分类汇总的操作过程:首先对分类汇总的列进行排序,然后在"数据"选项卡的"分级显示"组中单击"分类汇总"按钮,弹出"分类汇总"对话框,如图 2-23 所示。在"分类字段"下拉列表中选择要分类汇总的字段名;在"汇总方式"下拉列表中选择一种汇总函数,如求和、平均值等;在"选定汇总项"下面的列表中选中要进行分类汇总的数值列的复选框;选中"汇总结果显示在数据下方"复选框,结果显示在数据列表的下面,否则结果显示在数据列表的上面;选中"每组数据分页"复选框,则在每个分类汇总后有一个自动分页符;选中"替换当前分类汇总"复选框,则覆盖已存在的分类汇总。

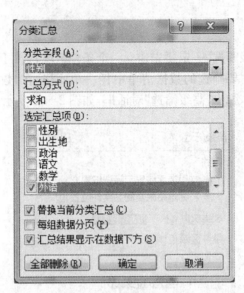

图 2 - 23　"分类汇总"对话框

如果要插入嵌套分类汇总,首先要对分类汇总的多列进行排序。在已创建分类汇总的基础上,重复分类汇总操作,清除"替换当前分类汇总"复选框即可。

如果要清除分类汇总回到数据清单的初始状态,可以单击分类汇总对话框中的"全部删除"按钮。

💡 说明:

在进行分类汇总时,Excel 会自动对数据清单中的数据进行分级显示。工作表窗口左边会出现分级显示区,通过单击分级显示区上方的级别按钮 1 2 3 ,可以对数据的显示进行控制。

单击级别按钮"1",只显示数据清单中的字段名(列标题)和总计结果;单击级别按钮"2",显示字段名(列标题)、各个分类汇总结果和总计结果;单击级别按钮"3",显示数据清单中的全部数据、各个分类汇总结果和总计结果。分级显示区有显示明细数据符号"+"(加号),单击它可以显示数据清单中的明细数据;还有隐藏明细数据符号"-"(减号),单击它可以隐藏数据清单中的明细数据。

单击"数据"选项卡的"分级显示"组中的"取消组合"下拉按钮,在展开的下拉菜单中选择"清除分级显示"命令,可以清除汇总数据的分级显示。

2. 2. 13　数据透视表

数据透视表主要用于分析不同字段数据之间的关系。数据透视表一般由七部分组成,分别是页字段、页字段项、数据字段、数据项、行字段、列字段、数据区域。

创建数据透视表方法:在"插入"选项卡的"表格"组中单击"数据透视表"按钮,在打开的下拉列表中选择"数据透视表"命令,打开"创建数据透视表"对话框,如图 2 - 24 所示。

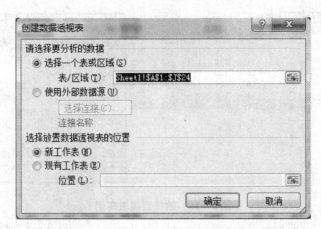

图 2-24　创建"数据透视表"对话框

数据透视表的数据源可以是 Excel 的数据表格,也可以是外部数据表和 Internet 上的数据源,还可以是经过合并计算的多个数据区域以及另一个数据透视表。所需创建的报表类型可以是数据透视表或数据透视图。这里以数据透视表为例,用鼠标在工作表中选定要建立数据透视表的数据区域,可以设置数据透视表的显示位置是在新建工作表中或是在现有工作表中。单击"确定"按钮,弹出数据透视表工作界面,如图 2-25 所示。

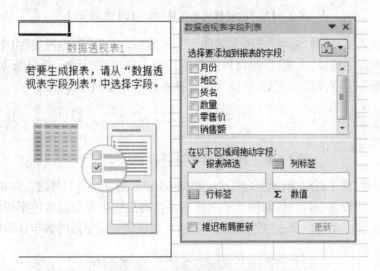

图 2-25　数据透视表工作界面

从"数据透视表字段列表"窗口中,将要在行中显示数据的字段拖到"行标签"区域。从"数据透视表字段列表"窗口中,将要在列中显示数据的字段拖到"列标签"区域。对于要汇总数据的字段,将字段拖到"数值"区域。如果要添加多个数据字段,在"数据透视表字段列表"窗口中依次选中要汇总其数据的字段,将字段拖到"数值"区域。下图是数据透视表一个实例,如图 2-26 所示。

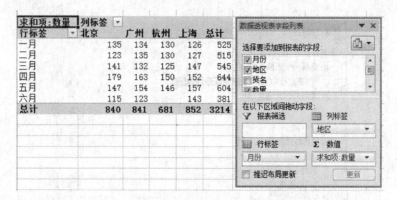

图 2-26　数据透视表实例

"数据透视表工具"的"设计"选项卡如图 2-27 所示。在"布局"组中单击"总计"按钮，在下拉列表中可以设置行、列总计值是否启用。在"布局"组中单击"报表布局"按钮可以设置数据透视表的显示布局。在"数据透视表样式"组中可以选择一种数据透视表的样式。

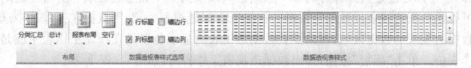

图 2-27　"数据透视表工具"的"设计"选项卡

"数据透视表工具"的"选项"选项卡如图 2-28 所示。在"数据透视表"组中单击"选项"按钮，在下拉列表中选择"选项"按钮，打开"数据透视表选项"对话框，可对数据透视表的报表、格式和数据等进行设置。例如，可设置是否显示行总计和列总计。

图 2-28　"数据透视表"工具的"选项"选项卡

在"活动字段"组中可对"活动字段"下方文本框中显示的文字进行修改。单击"字段设置"按钮，打开"值字段设置"对话框，如图 2-29 所示。在对话框中可以设置值字段汇总方式，如求平均、最大值、最小值等。单击"数字格式"按钮，可以设置汇总字段的数字显示格式。

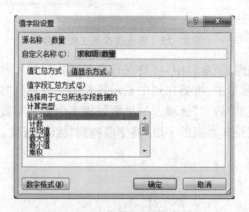

图 2-29　"值字段设置"对话框

在"计算"选项卡下可设置"值显示方式",如"总计的百分比"等,如下图2-30所示。

图2-30 "值显示方式"选项　　　　图2-31 "移动数据透视表"对话框

　　在"操作"组中单击"移动数据透视表"按钮,将打开"移动数据透视表"对话框,如图2-31所示。在对话框中,可以将新工作表中的透视表数据移动到现有工作表中,可在"位置"框中设置数据透视表具体放置的位置。

　　Excel可以选择使用切片器来筛选数据。单击切片器提供的按钮可以筛选数据透视表数据。除了快速筛选之外,切片器还会指示当前筛选状态,从而便于轻松、准确地了解已筛选的数据透视表中所显示的内容。

　　在"排序和筛选"组中单击"插入切片器"按钮,在弹出的下拉列表中选择"插入切片器"命令,弹出"插入切片器"对话框,如图2-32所示。

图2-32 "插入切片器"对话框

选中要为其创建切片器的数据透视表字段的复选框,单击"确定"按钮,则为选中的每一个字段显示一个切片器。例如,选择月份、地区、数量字段创建的切片器如图 2 - 33 所示。

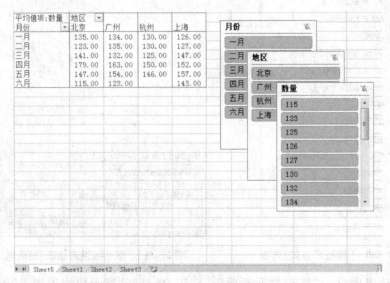

图 2 - 33　切片器效果图

切片器生成后,可以在"切片器工具"下的"选项"选项卡中进行切片器设置和切片器样式的设置。如果不再需要某个切片器,可以断开它与数据透视表的连接,也可将其删除。单击切片器,然后按 Delete 键删除切片器。

数据透视图报表提供数据透视表中的数据的图形表示形式,可以在"工具"组中单击"数据透视图"按钮,打开"插入图表"对话框进行操作。与数据透视表一样,数据透视图报告也是交互式的。创建数据透视图报表时,数据透视图报表筛选将显示在图表区,以便排序和筛选数据透视图报表的基本数据。相关联的数据透视表中的任何字段布局更改和数据更改将立即在数据透视图报表中反映出来。

与标准图表一样,数据透视图报表显示数据系列、类别、数据标记,可以更改图表类型及其他选项,如标题、图例位置、数据标签和图表位置。

2.2.14　数据合并计算

若要合并计算数据,必须组合几个数据区域中的值。例如,有一个用于每个地区办事处开支数据的工作表,可使用合并计算将这些开支数据合并到一个公共开支工作表中。数据合并计算有三种方法:使用三维公式、通过位置进行合并计算和按分类进行合并计算。

使用三维公式:在合并计算工作表上单击用来存放合并计算数据的单元格,键入合并计算公式,公式中的引用应指向每张工作表中包含待合并数据的源单元格。例如,若要合并工作表 2 到工作表 7 的单元格 B3 中的数据,输入公式"=SUM(Sheet2:Sheet7! B3)";如果要合并的数据在不同的工作表的不同单元格中,输入公式"=SUM(Sheet3! B4,Sheet4!

A7，Sheet5！C5)"。

　　根据位置或分类进行合并：在要显示合并数据的区域中，单击其左上方的单元格。在"数据"选项卡下的"数据工具"组中，单击"合并计算"按钮，弹出"合并计算"对话框，如图2-34所示。

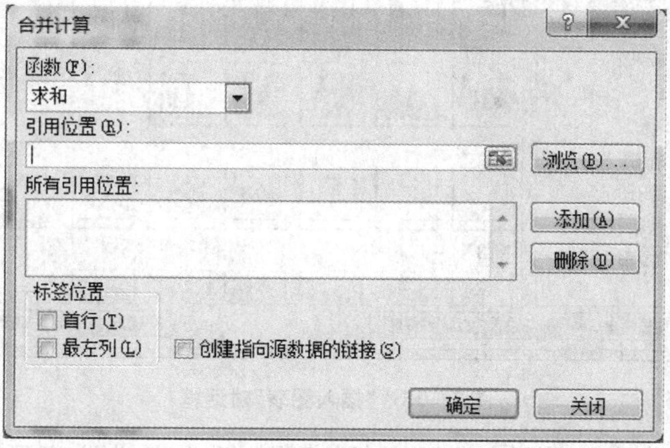

图 2-34　"合并计算"对话框

　　在"函数"框中，单击需要用来对数据进行合并的汇总函数。单击"引用位置"框，选取要进行合并的第一个区域，再单击"添加"按钮。对每个要合并的区域重复这一步骤。如果要在源区域的数据更改的任何时候都自动更新合并表，选中"创建指向源数据的链接"复选框。根据位置进行合并时，将"标签位置"下的复选框设为空。Excel 不将源数据中的行或列标志复制到合并中，如果需要合并数据的标志，从源区域之一进行复制或手工输入。根据分类进行合并时，在"标签位置"下选中指示标志在源区域中位置的复选框（首行、最左列或两者都选）。

2.2.15　图表

　　图表是工作表数据的图形表示，用户可以直观地从中获取大量信息。Excel 2010 有很强的内置图表功能，可以很方便地创建各种图表。Excel 的图表可以作为其中的对象插入数据所在的工作表，也可以插入到新的工作表。所有的图表都依赖于生成它的工作表数据，当数据发生改变时，图表也会相应地改变。创建图表必须先进行图表数据源的选取，即确定图表产生在哪个数据区域，完成图表的创建工作，再对图表进行编辑。

　　1. 创建图表

　　选定用于制作图表的数据区域，如果选取不连续的区域，按 Ctrl 键选择。在"插入"选项卡下的"图表"组中，单击相应图表类型的按钮，在下拉列表中选择合适的图形选项；或在"插入"选项卡下的"图表"组中，单击对话框启动器，打开"插入图表"对话框，选择合适的图表类型和图形选项，创建相应的图表，如图2-35所示。

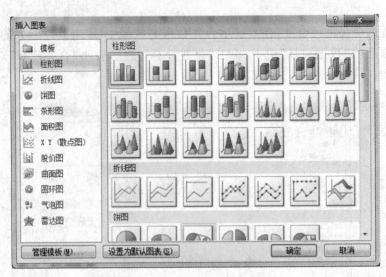

图 2‑35 "插入图表"对话框

Excel 2010 提供了 11 种图表类型,包括柱形图、折线图、饼图、条形图、面积图、XY(散点图)、股价图、曲面图、圆环图、气泡图和雷达图。图表由图表区域和区域中的图表元素组成,图表元素主要有图表标题、坐标轴及坐标轴标题、数据系列、图例、网格线等。绘图区是图表区中的重要部分,以坐标轴为界,包括数据系列、坐标轴、网格线等。

图表标题:图表的名称,默认在图表的顶端,说明图表的主题。

坐标轴:一般情况下有分类(X)轴和数值(Y)轴,三维图表还有(Z)轴,但饼图和圆环图没有坐标轴。

数据标记:图表中的条形、面积、圆点、扇面或其他符号,用于代表数据表单元格中的单个数据点或值。相同颜色的数据标记构成一个数据系列。

数据标签:用于为数据标记提供附加信息(数值)的标签。

数据系列:一个数据系列对应工作表中选定区域的一行或一列数据。分类(X)轴上的每个分类包含一个或多个数据,这些分类中颜色相同的数据构成一个数据系列。一个图表中有一个或多个数据系列,但饼图只有一个数据系列。

图例:用于标识图表中数据系列的名称和对应的颜色或图案。

网格线:从坐标轴刻度线延伸出来并贯穿整个绘图区的线条系列,包括主要网格线和次要网格线,分别与坐标轴上显示的主要和次要刻度线对齐。

注意:可以直接按 F11 键快速为选定的数据创建独立的簇状柱形图。

2. 编辑图表

图表编辑是指对图表及图表中各个元素进行编辑,包括更改图表类型、添加或删除数据、设置图表选项、更改图表样式或位置等。单击图表可选定图表,功能区出现"图表工具"下的"设计"、"布局"和"格式"三个选项卡,利用这些选项卡中的按钮可以对图表元素进行设置。

(1)"图表工具"下的"设计"选项卡,如图 2‑36 所示。

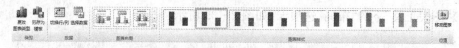

图 2 - 36 "图表工具"下的"设计"选项卡

更改图表类型:选定图表,在"设计"选项卡的"类型"组中单击"更改图表类型"按钮;或右击并在弹出的快捷菜单中选择"更改图表类型"命令,打开"更改图表类型"对话框,选择需要的图表类型,单击"确定"按钮,即可将已创建的图表更改为所选类型。

切换行/列:交换坐标轴上的数据,标在 X 轴上的数据将移动到 Y 轴上,反之亦然。

选择数据:如果要在图表中添加数据,选定图表,在"设计"选项卡的"数据"组中单击"选择数据"按钮,或右击并在弹出的快捷菜单中选择"选择数据"命令,打开"选择数据源"对话框,在"图表数据区域"文本框中输入或用鼠标重新选择源数据的单元格区域,单击"确定"按钮,即可将数据添加到图表中。在"图例项(系列)"列表框中单击"添加"按钮,打开"编辑数据系列"对话框,在"系列名称"栏下方输入或用鼠标选择源数据的单元格区域,单击"确定"按钮,返回到"选择数据源"对话框,单击"确定"按钮,可以添加图表中数据。在"图例项(系列)"列表框中选择要删除的数据系列,然后单击"删除"按钮,再单击"确定"按钮,可以删除图表中数据,如图 2 - 37 所示。

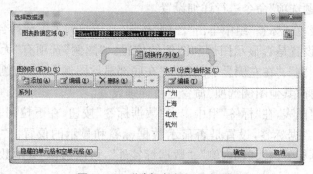

图 2 - 37 "选择数据源"对话框

图表布局、图表样式:选中图表,应用"设计"选项卡的"图表布局"、"图表样式"组中的选项按钮,可以快速将所选布局、样式应用到图表中。

移动图表:在"设计"选项卡的"位置"组中单击"移动图表"按钮,打开"移动图表"对话框,如图 2 - 38 所示,选中"对象位于"单选按钮并选择目标位置,单击"确定"按钮,可以将图表移动到其他工作表或工作簿中。如果要将创建好的嵌入式图表转换成独立的工作表图表,在"移动图表"对话框中选中"新工作表"单选按钮,并输入工作表名称,单击"确定"按钮,嵌入式图表即可转换为工作表图表。

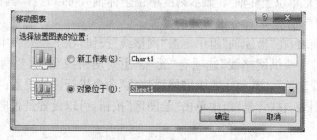

图 2 - 38 "移动图表"对话框

（2）"图表工具"下的"布局"选项卡,如图2-39所示。

图2-39　"图表工具"下的"布局"选项卡

"当前所选内容"组：选定要设置格式的图表元素,在"当前所选内容"组中单击"设置所选内容格式"按钮,打开与所选图表元素对应的格式设置对话框（如"设置图例格式"对话框）,设置所选图表元素的格式。

图表标题：选定图表,在"标签"组中单击"图表标题"按钮,在下拉列表中选择合适的选项,可以添加、删除图表标题或设置图表标题位置（如居中覆盖标题、图表上方）,也可以选择"其他标题选项"命令,进行更详细地设置。

坐标轴标题：选定图表,在"标签"组中单击"坐标轴标题"按钮,在下拉列表中选择合适的选项,可以添加、删除坐标轴标题或设置坐标轴标题位置。"主要横坐标轴标题"选项有"无"、"坐标轴下方标题",也可以选择"其他主要横坐标轴标题选项"命令进行详细设置。"主要纵坐标轴标题"选项有"无"、"旋转过的标题"、"竖排标题"、"横排标题",可以选择"其他主要纵坐标轴标题选项"命令进行详细设置。

图例：选定图表,在"标签"组中单击"图例"按钮,在下拉列表中选择合适的选项,可以添加、删除图表图例,设置是否显示图例和图例的位置。"图例"选项有"无"、"在右侧显示图例"、"在顶部显示图例"、"在左侧显示图例"、"在底部显示图例"、"在右侧覆盖图例"、"左侧覆盖图例",可以选择"其他图例选项"命令进行详细设置。

数据标签：选定图表,在"标签"组中单击"数据标签"按钮,在下拉列表中选择合适的选项,可以添加、删除数据标签,设置是否显示数据标签和显示的位置。"数据标签"选项有"无"、"居中"、"数据标签内"、"轴内侧"、"数据标签外",可以选择"其他数据标签选项"命令进行详细设置。

模拟运算表：选定图表,在"标签"组中单击"模拟运算表"按钮,在下拉列表中选择合适的选项。"模拟运算表"选项有"无"、"显示模拟运算表"（在图表下方显示模拟运算表,但不显示图例项标示）、"显示模拟运算表"和"图例项标示"（在图表下方显示模拟运算表,并显示图例项标示）,可以选择"其他模拟运算表选项"命令进行详细设置。

坐标轴：选定图表,在"坐标轴"组中单击"坐标轴"按钮,在下拉列表中选择合适的选项。"主要横坐标轴"选项有"无"、"显示从左向右坐标轴"、"显示无标签坐标轴"、"显示从右向左坐标轴"。"主要纵坐标轴"选项有"无"、"使用默认坐标轴"、"显示千单位坐标轴"、"使用百万单位坐标轴"、"显示十亿单位坐标轴"、"显示刻度单位坐标轴",可以选择"其他主要横坐标轴选项"、"其他主要纵坐标轴选项"命令进行详细设置。

网格线：选定图表,在"坐标轴"组中单击"网格线"按钮,在下拉列表中选择合适的选项。"主要横网格线"和"主要纵网格线"选项有"无"、"主要网格线"、"次要网格线"。可以选择"其他主要横网格线选项"、"其他主要纵网格线选项"命令进行详细设置。

绘图区：选定图表,在"背景"组中单击"绘图区"按钮,可以设置是否应用"显示使用默认颜色填充的绘图区"。

💡 说明：

如果要将不同工作表中的数据绘制在同一张图表中，操作方法如下。

下图2-40是工作表数据的素材图。

Sheet1		Sheet2	
城镇居民人均可支配收入		农村居民人均纯收入	
单位：元		单位：元	
地区	城镇居民收入增长率	地区	农民收入增长率
辽宁	13.46%	辽宁	13.10%
上海	10.92%	上海	10.90%
江苏	12.67%	江苏	12.93%
浙江	11.56%	浙江	11.33%
安徽	13.00%	安徽	14.89%
福建	12.64%	福建	13.54%
山东	13.00%	山东	13.24%
河南	12.35%	河南	13.94%
湖北	13.42%	湖北	13.83%
湖南	13.13%	湖南	13.30%
广东	12.38%	广东	12.50%
四川	13.45%	四川	14.24%

图2-40 工作表数据的素材图

操作步骤：首先选中 Sheet1 工作表中"城镇居民收入增长率"数据，在"插入"选项卡下的"图表"组中，单击"折线图"，生成"城镇居民收入增长率"折线图。在"图表工具"下的"设计"选项卡下的"数据"组中，单击"选择数据源"按钮，在打开的"选择数据源"对话框中添加 Sheet2 工作表中"农民收入增长率"数据，即可将不同工作表中的数据绘制在同一张图表中，下图2-41是图表生成的效果图。

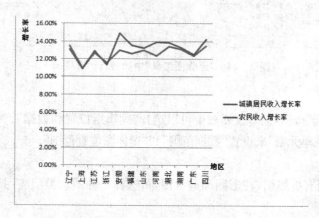

图2-41 图表生成的效果图

2.2.16 迷你图

迷你图是 Excel 2010 中的一个新功能，它是工作表单元格中的一个微型图表，可提供数据的直观表示。使用迷你图可以显示一系列数值的趋势（如季节性增加或减少、经济周期），或者可以突出显示最大值和最小值。

下面以学生成绩表为例,为每个学生的成绩画出迷你折线图,学生成绩表素材如图2-42所示。

	A	B	C	D	E	F	G	H
1	学号	姓名	性别	数学	语文	英语	物理	迷你图
2	1	王岩	男	89	86	75	85	
3	2	孙兵	男	96	85	79	90	
4	3	王丫	女	93	96	83	86	
5	4	万楚	女	46	43	23	14	
6	5	孙寒	男	67	77	89	76	
7	6	展芬	女	89	78	86	90	
8	7	利智	男	78	67	63	41	

图2-42　学生成绩表素材

选中要制作迷你图的数据范围D2:G2,在"插入"选项卡的"迷你图"组中单击"折线图"按钮,弹出"创建迷你图"对话框,如图2-43所示。

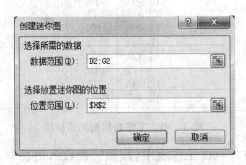

图2-43　"创建迷你图"对话框

在对话框中,设置迷你图放置的位置 $H$2,单击"确定"按钮。H2单元格中显示第一个学生各科成绩的变化,同时打开"迷你图工具"中的"设计"选项卡,如图2-44所示。

图2-44　"迷你图工具"中的"设计"选项卡

1."迷你图"组

单击"编辑数据"按钮,在下拉列表中可以选择"编辑组位置和数据"、"编辑单个迷你图的数据"、"隐藏和清空单元格"来设置"数据范围"和"迷你图位置范围"。

2."类型"组

迷你图的类型有折线图、柱形图和盈亏图,可选择一种图表类型应用于迷你图。

3."显示"组

在"显示"组中,选中"标记"复选框以显示所有数据标记。选中"负点"复选框以显示负值。选中"高点"或"低点"复选框以显示最高值或最低值。选中"首点"或"尾点"复选框以显示第一个值或最后一个值。

4."样式"组

若要应用预定义的样式,在"样式"组中,单击某个样式,或单击该框右下角的▾按钮选择其他样式。若要更改迷你图或其标记的颜色,单击"迷你图颜色"或"标记颜色",在下拉列表中选择所需选项。

5. "分组"组

单击"坐标轴"按钮,在下拉列表中设置"横坐标轴选项"和"纵坐标轴选项"。

将鼠标指针移至 H2 单元格右下角,鼠标指针变成"+"形状,拖动填充控点下拉至 H8 单元格,为其他学生成绩建立迷你图,如图 2-45 所示。

	A	B	C	D	E	F	G	H
1	学号	姓名	性别	数学	语文	英语	物理	迷你图
2	1	王岩	男	89	86	75	85	
3	2	孙兵	男	96	85	79	90	
4	3	王丫	女	93	96	83	86	
5	4	万楚	女	46	43	23	14	
6	5	孙寒	男	67	77	89	76	
7	6	展芬	女	89	78	86	90	
8	7	利智	男	78	67	63	41	

图 2-45 学生成绩表迷你图

2.2.17 页面布局

在"页面布局"选项卡中,有"主题"组、"页面设置"组、"工作表选项"组。通过对这些组功能的应用,可以打印出具有特色的工作表。"页面布局"选项卡的界面图如图 2-46所示。

图 2-46 "页面布局"选项卡界面

1. "主题"组

在"页面布局"选项卡上,在"主题"组中,单击"主题"按钮,在下拉列表中选择一种系统预置的主题样式。若要自定义"主题",可单击"颜色"、"字体"、"效果"按钮进行设置。主题颜色包含四种文本颜色及背景色、六种强调文字颜色和两种超链接颜色。主题字体包含标题字体和正文字体。主题效果是线条和填充效果的组合。

2. "页面设置"组

(1)页边距

系统预置了"普通"和"宽"两种页边距设置样式。如对系统预置的页边距样式不满意,可单击"页边距"按钮,在下拉列表中选择"自定义边距"命令,打开"页面设置"对话框,如图 2-47 所示。

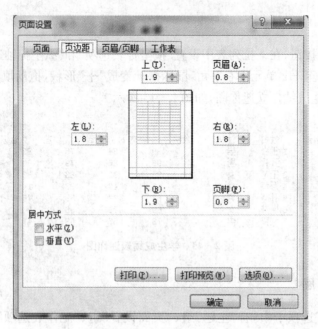

图 2-47 "页面设置"对话框

在"页边距"选项卡下,在"上"、"下"、"左"、"右"栏中及"页眉"、"页脚"栏中输入相应的数字,精确设置页边距及页眉、页脚的显示范围;在"居中方式"里选择"水平居中"、"垂直居中"方式或两者皆选。

(2) 纸张方向

单击"纸张方向"按钮,在下拉列表中选择"纵向"或"横向"。"纵向"表示从左到右按行打印;"横向"表示将数据旋转 90°打印。

(3) 纸张大小

系统预置了十种纸张大小,如对预设的不满意,可单击"纸张大小"按钮,在下拉列表中选择"其他纸张大小"命令,打开"页面设置"对话框"页面"选项卡,根据实际需要缩放比例。在打印质量下拉列表中选择 600 点/英寸或 1 200 点/英寸。数字越大,打印质量越高。输入一个起始页码数字,确定工作表的起始页码。

(4) 打印标题

单击"打印标题"按钮,打开"页面设置"对话框"工作表"选项卡。在此选项卡中,可设置打印区域;设置每页是否打印标题;先列后行或先行后列;是否打印网格线、行号、列标等。

(5) 页眉/页脚

单击"页面设置"对话框启动器,在打开的"页面设置"对话框中单击"页眉/页脚"选项卡,设置页眉或页脚内容。单击"自定义页眉",出现"页眉"对话框。在此对话框中有一排按钮,可设置文本格式、插入页码、日期、时间、文件路径、文件名或标签名,可插入图片并可设置图片格式。页脚的自定义同页眉。页眉/页脚也可以设置成首页不同、奇偶页不同。

💡 说明:

"调整为合适大小"组功能是"页面设置"对话框"页面"选项卡的简化版。同样,"工作表选项"组功能是"页面设置"对话框"工作表"选项卡的简化版。

2.2.18 操作技巧

（1）为了增强 Excel 文件的安全性，可设置打开权限密码和修改权限密码。单击"文件"选项卡下的"另存为"命令，打开"另存为"对话框；单击"工具"按钮下的"常规选项"命令，打开"常规选项"对话框，如图 2-48 所示。在对话框中，可设置 Excel 文件打开和修改权限密码。

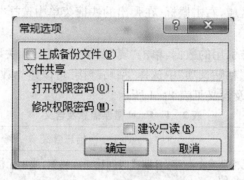

图 2-48 "常规选项"对话框

（2）编辑时自动保存文件，单击"文件"选项卡下的"选项"命令，打开"Excel 选项"对话框，在"Excel 选项"对话框"保存"选项卡中设置自动保存文件的时间间隔。

（3）在"审阅"选项卡下的"批注"组中，单击"新建批注"命令，可以给单元格所选内容添加批注。右击含有批注的单元格，可以编辑、删除、显示和隐藏批注。

（4）常用快捷键：Ctrl+9 隐藏行，Ctrl+Shift+9 键取消隐藏行，Ctrl+0 键隐藏列，Ctrl+~键在显示单元格值和显示公式之间切换，Alt+Enter 键在单元格中换行，F11 键创建当前区域中数据的图表。Alt+拖动单元格在不同工作表中移动单元格，Alt+Ctrl+拖动单元格在不同工作表中复制单元格。

（5）在"数据"选项卡下的"数据工具"组中单击"分列"按钮，可以将一列中通过分隔符或固定宽度分隔的文本分散到多列中。

（6）保护工作簿结构和窗口：在"审阅"选项卡下的"更改"组中，单击"保护工作簿"按钮，打开"保护结构和窗口"对话框。在对话框中选中"结构"、"窗口"复选框并输入密码，然后单击"确定"按钮，可以设置对工作簿结构和窗口的保护。

（7）保护工作表：在"审阅"选项卡下的"更改"组中，单击"保护工作表"按钮，打开"保护工作表"对话框。在对话框中选中"保护工作表及锁定的单元格内容"复选框，在"允许此工作表的所有用户进行"列表框中选择允许用户进行的操作。在"取消工作表保护时使用的密码"文本框中输入密码，以防任何用户取消工作表保护随意更改单元格数据。单击"确定"按钮，并在打开的"确认密码"对话框中再次输入密码，然后单击"确定"按钮。如果要撤销对工作表的保护，在"审阅"选项卡下的"更改"组中，单击"撤销工作表保护"按钮，打开"撤销工作表保护"对话框，输入密码，单击"确定"按钮即可。

（8）工作表中的链接包括超链接和数据链接两种，超链接可以从一个工作簿或文件快速跳转到其他工作簿或文件，可以建立在单元格的文本或图形上；数据链接是当一个数据发生更改时，与之相关联的数据也会改变。

　　首先选定要建立超链接的单元格或单元格区域,单击鼠标右键,在弹出的菜单中选择"超链接"命令,打开"插入超链接"对话框,在"链接到"栏中单击"本文档中的位置"、"现有文件或网页"、"新建文档"或"电子邮件地址"。根据链接的位置设置相应的链接目的地。单击对话框右上角的"屏幕提示"按钮,打开"设置超链接屏幕提示"对话框,在对话框内输入信息,当鼠标指针放置在建立的超链接位置时,显示相应的提示信息,单击"确定"按钮即完成。利用"编辑超链接"对话框可以对超链接信息进行修改,也可以取消超链接。选定已建立超链接的单元格或单元格区域,右击鼠标,在弹出的快捷菜单中选择"取消超链接"命令即可取消超链接。

　　选择工作表中需要被引用的数据,单击"复制"按钮;打开相关联的工作表,在工作表中指定的单元粘贴数据,在"粘贴选项"中选择"粘贴链接"可以建立数据链接。

　　(9) Excel 错误信息及含义见表 2-1 所示。

表 2-1　Excel 错误信息及含义

错误信息	信息含义
＃＃＃＃＃	单元格所含的数字、日期或时间比单元格宽,或单元格的日期、时间、公式产生了一个负值
＃VALUE!	使用错误的参数或运算对象类型,或者当公式自动更正功能不能更正公式
＃DIV/O!	公式被零除
＃NAME?	在公式中使用 Excel 不能识别的文本
＃N/A	函数或公式中没有可用数值。如果工作表中某些单元格暂时没有数值,在这些单元格中输入"＃N/A",公式在引用这些单元格时,将不进行数值计算,而是返回＃N/A
＃REF!	单元格引用无效
＃NUM!	公式或函数中某个数值有问题
＃NULL!	试图为两个并不相交的区域指定交叉点

2.3　本章实训

实训三　利用 Excel 2010 创建编辑工作表

一、实验目的

　　通过创建编辑工作表实验掌握 Excel 启动、关闭;掌握 Excel 工作簿的建立、打开及保存;掌握 Excel 数据输入、编辑、格式化工作表。

二、实验内容

　　参考实验步骤完成基本操作。

三、实验步骤

　　在 http://lrg.zgz.cn/sx/lny.htm 网站中下载实训 3 素材文件 EX3.rar。将 EX3.rar 压缩文件解压到 C 盘 EX3 文件夹中。右击 EX3 文件夹弹出的快捷菜单中选择属性,在弹出的 EX3"属性"对话框去掉此文件夹的只读属性。

1. 新建和保存工作簿

新建工作簿：在 C 盘 EX3 文件夹中新建工作簿文件 ex3. xlsx。

操作步骤 1：单击"开始"/"所有程序"/"Microsoft Office"/"Microsoft Excel 2010"，启动 Excel 2010，默认建立一个名为"工作簿 1"的工作簿。

操作步骤 2：单击"快速访问工具栏"上的"保存"按钮，弹出"另存为"对话框，在"文件名"右边的文本框中输入要保存的文件名"ex3"，保存类型右边的下拉列表中选择"Excel 工作簿(＊. xlsx)"，保存位置选择 C 盘 EX3 文件夹，单击"保存"按钮。

2. 工作表的编辑

(1) 数据的输入：在 ex3. xlsx 工作簿当前活动工作表 Sheet1 中输入表 2-2 中的内容。

表 2-2　素材

学　　号	班　　级	姓　　名	出生日期	计算机技术	实用英语
11070101	微机 11	江卫星	1992-11-2	79	88
11070102	微机 11	李乃媛	1991-12-18	87	97
11070103	微机 11	刘　阳	1991-11-15	78	69
11070104	微机 11	姚硕硕	1992-7-8	64	55

操作步骤 1：双击单元格 A1，输入"学号"；或者单击 A1 单元格，在"编辑栏"中输入"学号"，按 Enter 键。用同样的方法在 B1：F1 单元格中分别输入"班级"、"姓名"、"出生日期"、"计算机技术"、"实用英语"，文字内容对齐方式默认为左对齐。

操作步骤 2：双击单元格 A2，切换到英文状态下，先输入'号，再输入学号，把数字作为文本输入。移动光标至 A2 单元格右下角的填充柄上（鼠标指针由空心十字变为实心十字），按住鼠标左键向下拖动到 A5。

操作步骤 3：双击单元格 B2，输入"微机 11"。移动光标至 B2 单元格右下角的填充柄上（鼠标指针由空心十字变为实心十字），按住鼠标左键向下拖动到 B5。用同样的方法输入姓名列的内容。

操作步骤 4：双击单元格 D2，输入"1992-11-2"，或者单击单元格 D2，在"编辑"栏中输入"1992-11-2"，接着输入 D3 到 D5 单元格的日期。日期型数据输入后默认对齐方式为右对齐。

操作步骤 5：双击 E2 单元格，直接输入"79"，用同样的方法输入其他成绩数据。数值型数据输入后默认对齐方式为右对齐。

操作步骤 6：单击"快速访问工具栏"上的"保存"按钮，完成文件保存。

(2) 导入文本文件数据：将 EX3 文件夹中 1. txt 和 2. txt 文本文件导入到 Excel 工作簿中。

操作步骤 1：在"数据"选项卡的"获取外部数据"组中，单击"自文本"按钮，弹出"导入文本文件"对话框，打开 C 盘 EX3 文件夹，双击要导入的文本文件1. txt。弹出"文本导入向导—第 1 步，共 3 步"对话框，如图 2-49 所示。

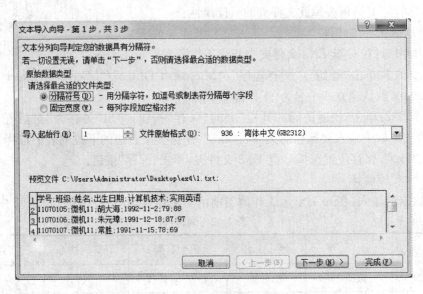

图 2-49 "文本导入向导—第 1 步,共 3 步"对话框

操作步骤 2:在上述对话框中,选定"分隔符号"单选按钮,"导入起始行"右边的微调框调整为 2。单击"下一步"按钮,弹出"文本导入向导—第 2 步,共 3 步"对话框,如图 2-50 所示。

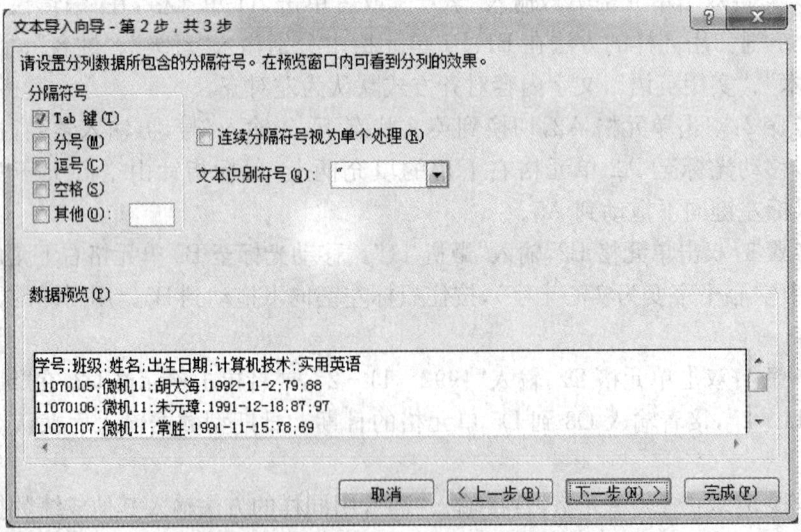

图 2-50 "文本导入向导—第 2 步,共 3 步"对话框

操作步骤 3:观察数据预览下方的数据,去掉 Tab 键的选中状态,选中"分号"复选框,单击"下一步"按钮,弹出"文本导入向导—第 3 步,共 3 步"对话框,如图 2-51 所示。

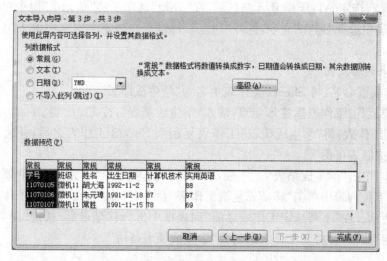

图 2-51 "文本导入向导—第 3 步,共 3 步"对话框

操作步骤 4:在此对话框中可设置每列数据的格式,也可以设置哪些列不导入。单击"完成"按钮,弹出"导入数据"对话框,如图 2-52 所示。

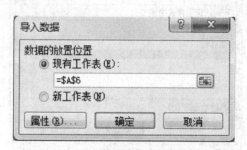

图 2-52 "导入数据"对话框

操作步骤 5:保存位置选择"现有工作表",选定导入的起始单元格地址为 A6,单击确定按钮,完成 1. txt 文本文件的导入。

以同样的方法导入 C 盘 EX3 文件夹中的 2. txt 文件(2. txt 文件中的数据以逗号分隔,首行不是标题行)。

(3) 设置行高和列宽:行高设置为 22,列宽设置为 14。

操作步骤 1:选定 A1:F13 单元格区域,在"开始"选项卡的"单元格"组中单击"格式"按钮,在下拉列表中选择"行高"命令,打开"行高"对话框,如图 2-53 所示,在行高文本框中输入"22",单击"确定"按钮。

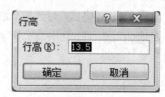

图 2-53 "行高"对话框

操作步骤 2：选定 A1：F13 单元格区域，在"开始"选项卡的"单元格"组中单击"格式"按钮，在下拉列表中选择"列宽"命令，打开"列宽"对话框，在列宽文本框中输入"14"，单击"确定"按钮。

3. 工作表的格式化

(1) 工作表重命名：将 Sheet1 工作表更名为"学生成绩表"。

操作步骤：双击工作表标签 Sheet1，输入"学生成绩表"，按 Enter 键。

(2) 复制工作表：将"学生成绩表"工作表复制到 Sheet3 工作表之后，并将新工作表重命名为"学生成绩表备份"。

操作步骤：单击"学生成绩表"工作表，在"开始"选项卡的"单元格"组中单击"格式"按钮，在弹出的下拉列表中单击"移动或复制工作表"命令，弹出"移动或复制工作表"对话框，如图 2-54 所示。在"下列选定工作表之前"列表框中选择移至最后，选定"建立副本"复选框，单击"确定"按钮，并将新工作表命名为"学生成绩表备份"。

图 2-54　"移动或复制工作表"对话框

(3) 设置字体：将"学生成绩表"工作表中的标题行字体设置为黑体、16 号、红色，其余行字体设置为宋体、12 号。

操作步骤 1：选定"学生成绩表"工作表 A1：F1 单元格区域，在"开始"选项卡的"字体"组中，设置字体为黑体、字号为 16 号、颜色为标准色红色。

操作步骤 2：选定"学生成绩表"工作表 A2：F13 单元格区域，在"开始"选项卡的"字体"组中，设置字体为宋体、字号为 12 号。

(4) 设置对齐方式：将"学生成绩表"工作表中的所有数据设置成水平垂直居中。

操作步骤：选定"学生成绩表"工作表 A1：F13 单元格区域，在"开始"选项卡上，单击"对齐方式"对话框启动器，弹出"设置单元格格式"对话框，如图 2-55 所示。在"对齐"选项卡上，选择水平对齐、垂直对齐方式均为"居中"，单击"确定"按钮。

图 2-55 "设置单元格格式"对话框"对齐"选项卡

(5) 设置边框:将"学生成绩表"工作表中的数据设置成外边框最粗红线,内边框最细蓝线,标题行填充黄色底纹。

操作步骤 1:选定"学生成绩表"工作表 A1:F13 单元格区域,在"开始"选项卡上,单击"对齐方式"对话框启动器,弹出"设置单元格格式"对话框,单击"边框"选项卡,如图 2-56 所示。在"线条"栏下方样式选取最粗实线、颜色选择标准色红色,在"预置"栏下方单击"外边框"按钮。在"线条"栏下方选取最细实线、颜色选择标准色蓝色,在"预置"栏下方单击"内边框"按钮,单击"确定"按钮。

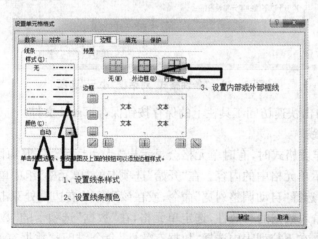

图 2-56 "设置单元格格式"对话框"边框"选项卡

操作步骤 2:选定"学生成绩表"工作表 A1:F1 单元格区域,在"开始"选项卡上,单击"对齐方式"对话框启动器,弹出"设置单元格格式"对话框,单击"填充"选项卡,在"背景色"栏下方单击"黄色",单击"确定"按钮。

(6) 设置数字格式:将"学生成绩表"工作表每门功课成绩设置成小数点后保留两位小数。

操作步骤:选定"学生成绩表"工作表 E2:F13 单元格区域,在"开始"选项卡上,单击"对齐方式"对话框启动器,弹出"设置单元格格式"对话框,单击"数字"选项卡,在"分类"列表框中选择"数值"类别,在"小数位数"数值微调框中设置"2",单击"确定"按钮。

(7) 条件格式设置:将"学生成绩表"工作表中成绩小于60分的单元格数据格式设置为红色,成绩大于等于60分的单元格数据格式设置为蓝色。

操作步骤1:选定"学生成绩表"工作表 E2:F13 单元格区域,在"开始"选项卡的"样式"组中,单击"条件格式"按钮,在打开的下拉列表中单击"突出显示单元格规则",级联下拉菜单中选择"介于"命令,如图2-57所示,设置单元格数值范围在60~100之间,在"设置为"右侧的下拉列框中选择"自定义格式"命令,在弹出的"设置单元格格式"对话框"字体"选项卡下设置字体为蓝色。单击"确定"按钮。

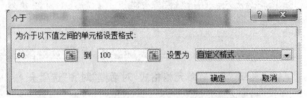

图 2-57   "条件格式"对话框"介于"选项

操作步骤2:选定"学生成绩表"工作表 E2:F13 单元格区域,在"开始"选项卡的"样式"组中,单击"条件格式"按钮,在打开的下拉列表中单击"突出显示单元格规则",级联下拉菜单中选择"小于"命令,如图2-58所示,设置单元格数值范围为60,在"设置为"右侧的下拉列框中选择"红色文本"命令,单击"确定"按钮。

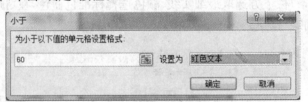

图 2-58   "条件格式"对话框"小于"选项

操作步骤3:单击快速访问工具栏上的保存按钮保存 Excel 文件。

四、思考与实践

1. 在设置工作表格式时,有时单元格会显示出"‡‡‡‡‡",其原因是单元格的列宽不够,不能正常显示单元格中的内容。在"开始"选项卡的"单元格"组中单击"格式"按钮,在弹出的下拉列表中选择"自动调整列宽"命令;或在该列标的右边框处双击即可解决。

2. 为了确保输入数据的有效性,选定单元格,在"数据"选项卡的"数据工具"组中单击"数据有效性"按钮,在下拉列表中选择"数据有效性"命令,打开"数据有效性"对话框,在此对话框中进行设置。

3. Excel 里合并居中与跨列居中的区别:合并并居中是将选定的单元格全部合并起来,成为一个单元格,再将其中的内容居中。而跨列居中仅将每个单元格的内容居中,如果第一个单元格的内容比单元格宽度长,跨列居中可以将该内容居中在你选定的几个单元格的总宽度之间,但是单元格本身并没有合并。

4. 如图2-59所示,某学生将格式化的文本文件复制到A1到A5单元格中,请利用分列操作将 A 列内容分散到 A 到 F 列中。

	A
1	学号;班级;姓名;出生日期;计算机技术;实用英语
2	11070105;微机11;胡大海;1992-11-2;79;88
3	11070106;微机11;朱元璋;1991-12-18;87;97
4	11070107;微机11;常胜;1991-11-15;78;69
5	11070108;微机11;李寻欢;1992-7-8;64;55

图 2 - 59　素材

提示：选取 A1 至 A5 单元格，在"数据"选项卡的"数据工具"组中单击"分列"按钮进行操作。

实训四　Excel 2010 中公式和函数的使用

一、实验目的

通过实验熟悉 dbf 文件导入 Excel 的操作方法，熟练掌握应用公式求和、平均值、计数等常用函数的使用以及绝对引用和相对引用的基本操作。

二、实验内容

根据提供素材，参考实验步骤完成 Excel 中公式和函数的使用。

三、实验步骤

在 http://lrg.zgz.cn/sx/lny.htm 网站中下载实训 4 素材文件EX4.rar。将 EX4.rar 压缩文件解压到 C 盘 EX4 文件夹中。右击 EX4 文件夹弹出的快捷菜单中选择属性，在弹出的 EX4"属性"对话框中去掉此文件夹的只读属性。

1. 将 EX4 文件夹中的"学生成绩表.dbf"转换为 Excel 文件。

操作步骤 1：启动 Excel 2010，在"文件"选项卡下单击"打开"按钮，弹出"打开"对话框，选择 C 盘 EX4 文件夹，"文件类型"选择"所有文件"，选择"学生成绩表.dbf"，然后单击打开。

操作步骤 2：在"文件"选项卡下单击"另存为"按钮，弹出"另存为"对话框，在"文件名"右边的文本框中输入要保存的文件名"学生成绩表"，保存类型右边的下拉列表中选择"Excel 工作簿(＊.xlsx)"，保存位置选择 C 盘 EX4 文件夹，单击"保存"按钮。

2. 函数的应用，求总分：在 H2：H26 单元格中，利用 SUM 函数计算每位学生的成绩总分。

操作步骤 1：选择 H2 单元格，在"公式"选项卡中单击"插入函数"按钮，弹出"插入函数"对话框，在"选择函数"栏下方选择"SUM"函数，单击"确定"按钮，弹出"函数参数"对话框，如图 2 - 60 所示。单击"Number1"框右边的地址引用按钮，折叠"函数

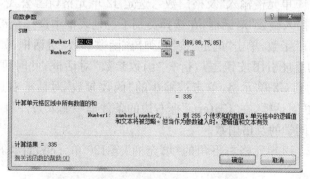

图 2 - 60　"SUM 函数参数"对话框

参数"对话框,此时可以进行地址引用。单击 D2 单元格拖动到 G2 单元格,单击被缩小的"函数参数"对话框右边的地址引用按钮 ▣,展开"函数参数"对话框,单击"确定",计算出第一位同学的成绩总分。

操作步骤 2:拖动 H2 单元格右下角的填充柄至 H26 单元格,计算出每位学生的成绩总分。

3. 函数的应用,求平均分:在 I2:I26 单元格中,利用 AVERAGE 函数计算每位学生的成绩平均分,小数点后保留两位小数。

操作步骤 1:选定 I2 单元格,在"公式"选项卡中单击"插入函数"按钮,弹出"插入函数"对话框,在"选择函数"栏下方选择"AVERAGE"函数,单击"确定"按钮,弹出"函数参数"对话框,单击"Number1"框右边的地址引用按钮 ▣,折叠"函数参数"对话框,此时可以进行地址引用。单击 D2 单元格拖动到 G2 单元格,单击被缩小的"函数参数"对话框右边的地址引用按钮 ▣,展开"函数参数"对话框,单击"确定",计算出第一位同学的平均成绩。

操作步骤 2:拖动 I2 单元格右下角的填充柄至 I26 单元格,计算出每位学生的平均成绩。

操作步骤 3:选定 I2 至 I26 单元格,在"开始"选项卡的"数字"组中,单击"增加小数位数"按钮 ⠔⠋ 两次,小数点后保留两位小数。

4. 函数的应用,求最高分、最低分:在 D27:G27 单元格中,利用 MAX 函数计算每门课程的成绩最高分。在 D28:G28 单元格中,利用 MIN 函数计算每门课程的成绩最低分。

操作步骤 1:在 C27 单元格内输入"最高分"。选定 D27 单元格,在编辑栏内直接输入公式"=MAX(D2:D26)"计算出数学成绩的最高分,拖动 D27 单元格右下角的填充柄至 G27 单元格,计算出四门课程的最高分。

操作步骤 2:在 C28 单元格内输入"最低分"。选定 D28 单元格,在编辑栏内直接输入公式"=MIN(D2:D26)"计算出数学成绩的最低分,拖动 D28 单元格右下角的填充柄至 G28 单元格,计算出四门课程的最低分。

5. 函数拓展应用,条件计数函数 COUNTIF 和条件求和函数 SUMIF。在 J2:J26 单元格中,利用 COUNTIF 函数计算每位学生的及格门数。在 D29:G29 单元格中,利用 SUMIF 函数计算每位学生的合格总分。在 D30:G30 单元格中,利用 SUMIF 函数计算每位学生的不合格总分。

操作步骤 1:在 J1 单元格输入"及格门数",选定 J2 单元格,在"公式"选项卡中单击"插入函数"按钮,弹出"插入函数"对话框,在选择类别下拉列表框中选择全部,在"选择函数"栏下方选择"COUNTIF"函数,单击"确定"按钮,弹出"函数参数"对话框,如图 2-61 所示,单击"Range"框右边的地址引用按钮 ▣,折叠"函数参数"对话框,此时可以进行地址引用。单击 D2 单元格拖动到 G2 单元格,单击被缩小的"函数参数"对话框右边的地址引用按钮 ▣,展开"函数参数"对话框,在"Criteria"框右边的条件框中输入条件">=60",单击"确定"按钮,计算出第一位同学的及格门数。

操作步骤 2:拖动 J2 单元格右下角的"填充柄"至 J26 单元格,计算出每位学生的及格门数。

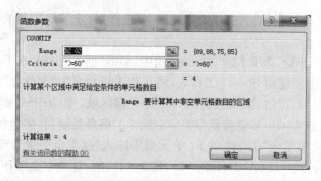

图 2-61　"COUNTIF 函数参数"对话框

操作步骤 3：在 C29 单元格内输入"合格总分"。选定 D29 单元格，在编辑栏内直接输入公式＝SUMIF(D2:D26,">＝60")计算出数学成绩大于 60 分的总分，拖动 D29 单元格右下角的填充柄至 G29 单元格，计算出四门课程的合格总分。

操作步骤 4：在 C30 单元格内输入不合格总分。选定 D30 单元格，在编辑栏内直接输入公式＝SUMIF(D2:D26,"<60")计算出数学成绩小于 60 分的总分，拖动 D30 单元格右下角的填充柄至 G30 单元格，计算出四门课程的不合格总分。

6. 函数拓展应用，IF 函数。

操作步骤 1：在 K1 单元格输入"评定等级"，选定 K2 单元格，在"公式"选项卡中单击"插入函数"按钮，弹出"插入函数"对话框，在选择类别下拉列表框中选择全部，在"选择函数"栏下方选择"IF"函数，单击"确定"按钮，弹出"函数参数"对话框，如图 2-62 所示，输入相应的内容，单击"确定"按钮，计算出第一位同学是否获得奖学金。

操作步骤 2：拖动 K2 单元格右下角的填充柄至 K26 单元格，观察全班学生的获得奖学金的情况。

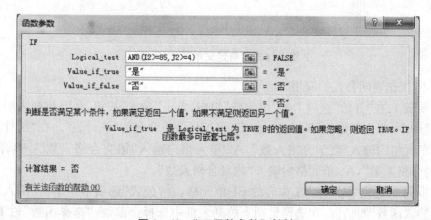

图 2-62　"IF 函数参数"对话框

7. 将获得奖学金同学的学号、姓名、性别、平均分、及格门数列数据复制到新建工作表"奖学金"表中，并为每位学生评定具体的奖学金等级。一等奖学金平均分不小于 95、及格门数不小于 4。二等奖学金平均分不小于 90、及格门数不小于 4。三等奖学金平均分不小于 85、及格门数不小于 4。并按自定义序列"一等奖学金、二等奖学金、三等奖学金"排序。

操作步骤 1：选定 A1:K26 单元格区域，在"数据"选项卡的"排序和筛选"组中，单击"排序"按钮,在弹出的"排序"对话框中,"主要关键字"选择"评定等级",其他采用默认设置,单击"确定"按钮。

操作步骤 2:在"开始"选项卡的"单元格"组中,单击"插入"按钮,在下拉列表中选择"插入工作表"命令,双击新建的 Sheet1 工作表,将工作表重命名为"奖学金"。选定"学生成绩表"A1:C8 单元格区域,按住 Ctrl 键选择 I1:J8 单元格区域,按 Ctrl+C 键,切换到"奖学金"工作表 A1 单元格,按 Ctrl+V 键将获得奖学金同学的信息复制到"奖学金"工作表中。

操作步骤 3:在"奖学金"工作表的 F1 单元格中输入"奖学金等级",选定 F2 单元格,在编辑栏内直接输入公式=IF(AND(D2)=95,E2)=4),"一等奖学金",IF(AND(D2)=90,E2)=4),"二等奖学金","三等奖学金")),计算出第一位同学的奖学金等级。拖动 F2 单元格右下角的填充柄至 F8 单元格,计算出所有学生的奖学金等级。

操作步骤 4:选定 F1 单元格,在"数据"选项卡的"排序和筛选"组中,单击"排序"按钮,在弹出的"排序"对话框中,"主要关键字"选择"奖学金等级","次序"下拉列表框中选择"自定义序列"命令,弹出"自定义序列"对话框,在"输入序列"栏下方输入"一等奖学金"、"二等奖学金"、"三等奖学金",单击"添加"按钮添加了自定义序列,如图 2-63 所示。单击"确定"按钮,返回"排序"对话框,单击"确定"按钮,完成数据的排序。

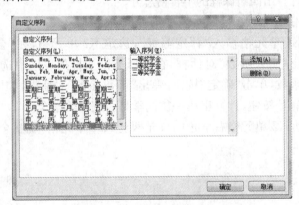

图 2-63 "自定义序列"对话框

8. 不同工作表间公式的应用。

操作步骤 1:在"开始"选项卡的"单元格"组中,单击"插入"按钮,在下拉列表中选择"插入工作表"命令,双击新建的 Sheet2 工作表,将工作表重命名为"统计表"。在"统计表"工作表中,A1 单元格内输入"数学合格人数",A2 单元格内输入"语文合格人数",A3 单元格内输入"英语合格人数",A4 单元格内输入"物理合格人数"。

操作步骤 2:选定"统计表"工作表的 B1 单元格,在"公式"选项卡中单击"插入函数"按钮,弹出"插入函数"对话框,在选择类别下拉列表框中选择全部,在"选择函数"栏下方选择"COUNTIF"函数,单击"确定"按钮,弹出"函数参数"对话框,单击"Range"框右边的地址引用按钮 ▦ ,折叠"函数参数"对话框,此时可以进行地址引用。首先单击"学生成绩表"工作表,单击 D2 单元格拖动到 D26 单元格,单击被缩小的"函数参数"对话框右边的地址引用按钮 ▦ ,展开"函数参数"对话框,在"Criteria"框右边的条件框中输入条件")=60",单击"确定"按钮,计算出数学成绩的合格人数,如图 2-64 所示。选定"统计表"工作表的 B2 单元格,在编辑栏内直接输入公式=COUNTIF(学生成绩表! E2:E26,")=60"),计算出语文成绩的合格人数。选定"统计表"工作表的 B3 单元格,在编辑栏内直接输入公式＝COUNTIF（学生成绩表！F2:F26,">=60"）,计算出英语成绩的合格人数。选定"统计表"工作表的 B4 单元格,在编辑栏内直接输入公式＝COUNTIF（学生成绩表！G2:G26,">=60"）,计算出物理成绩的合格人数。

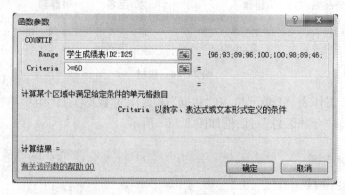

图 2－64　"COUNTIF"函数对话框

9. 相对地址和绝对地址引用。

操作步骤 1:选定"统计表"工作表的 A5 单元格,输入总合格人数。选定"统计表"工作表的 B5 单元格,在"公式"选项卡中单击"自动求和"按钮 $\sum$,在下拉列表中选择"求和",单击编辑栏上的 ✓ 按钮,统计总的合格人数。

操作步骤 2:选定"统计表"工作表的 C1 单元格,在编辑栏上输入＝B1/＄B＄5,按 Enter 键,计算数学合格人数占总合格人数的比例。拖动 C1 单元格右下角的"填充柄"至 C4 单元格,计算其余三门课程合格人数占总合格人数的比例。

操作步骤 3:选定"统计表"工作表的 C1 到 C4 单元格,在"开始"选项卡上,单击"对齐方式"对话框启动器,弹出"设置单元格格式"对话框,单击"数字"选项卡,在"分类"列表框中选择"百分比"类别,在"小数位数"数值微调框中设置"2",单击"确定"按钮。单击快速访问工具栏上的"保存"按钮保存。

四、思考与实践

1. ♯DIV/0! 错误:在上述相对地址和绝对地址引用实验操作步骤中,如果在 C1 单元格内输入公式＝B1/B5,拖动 C1 单元格右下角的填充柄至 C4 单元格,则 C2、C3、C4 单元格中会出现♯DIV/0! 错误,此时必须在 B 和 5 前加上 ＄,确保 B5 单元格绝对引用。

2. 如图 2－65 所示,应用数组公式计算 C1 至 C4 单元格的值:C1＝A1＊B1,C2＝A2＊B2,C3＝ A3＊B3,C4＝A4＊B4,并应用数组公式计算 C5 单元格的值:C5＝ A1＊B1＋ A2＊B2＋ A3＊B3＋ A4＊B4。

	A	B	C
1	12	0.2	
2	24	0.1	
3	36	0.2	
4	25	0.5	
5			

图 2－65　素材

3. 图 2-66 为某电器销售公司两个分公司的月销售数据，应用合并计算功能实现合并汇总。

	A	B
1	北京分公司销售情况	
2	品名	销售额
3	电视机	¥ 40,000.00
4	洗衣机	¥ 50,000.00
5	电冰箱	¥ 25,000.00

	A	B
1	上海分公司销售情况	
2	品名	销售额
3	电视机	¥ 30,000.00
4	洗衣机	¥ 40,000.00
5	电冰箱	¥ 35,000.00

图 2-66　素材

提示：单击新工作表 A1 单元格，在"数据"选项卡的"数据工具"组中单击"合并计算"按钮实现合并汇总。"合并汇总"对话框如图 2-67 所示。

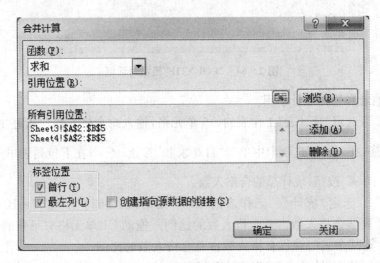

图 2-67　"合并计算"对话框

4. 图 2-68 为全国计算机等级考试的报名表，Sheet1 工作表 A 列为准考证号码，B 列为语种代码，C 列为语种名称，准考证号码的 3、4 两位代表语种代码，语种代码和语种名称的对照表在 Sheet2 工作表中，应用 MID 函数计算 B 列语种代码，应用 VLOOKUP 函数自动填写 C 列语种名称。

提示：在 Sheet1 工作表 B2 单元格中输入公式＝MID(A2,3,2)，拖动 B2 单元格右下角的填充柄至 B5 单元格。在 Sheet1 工作表 C2 单元格中输入公式＝VLOOKUP(B2,Sheet2! $A$2:$B$5,2,TRUE)，拖动 C2 单元格右下角的填充柄至 C5 单元格。

	A	B	C
1	准考证号码	语种代码	语种名称
2	1101001		
3	1103002		
4	1104003		
5	1102008		

	A	B
1	语种代码	语种名称
2	01	VB
3	02	VFP
4	03	C
5	04	JAVA

图 2-68　素材

5. 图 2-69 为专转本成绩表,请按总分降序为每位学生排名次,应用 RANK 函数计算。

	A	B	C
1	专转本成绩		
2	学号	成绩	名次
3	9800001	320	
4	9800002	302	
5	9800003	208	
6	9800004	353	
7	9800005	320	
8	9800006	210	
9	9800007	300	
10	9800008	280	

图 2-69　素材

提示:在 Sheet1 工作表 C3 单元格中输入公式 = RANK(B3,$B$3:$B$10,FALSE),拖动 C3 单元格右下角的"填充柄"至 C10 单元格。

实训五　Excel 2010 中数据管理、分析与图表

一、实验目的

通过实验掌握数据排序、分类汇总的操作方法;图表的创建、编辑方法;数据筛选和数据透视表的基本操作。

二、实验内容

根据提供素材,参考实验步骤完成 Excel 中数据管理、分析与图表操作。

三、实验步骤

在 http://lrg.zgz.cn/sx/lny.htm 网站中下载实训 5 素材文件 EX5.rar。将 EX5.rar 压缩文件解压到 C 盘 EX5 文件夹中。右击 EX5 文件夹弹出的快捷菜单中选择属性,在弹出的 EX5"属性"对话框去掉此文件夹的只读属性。

1. 数据排序。将 Sheet1 工作表中的数据先按部门排序、再按职称排序。部门采用自定义序列:语文组、数学组、外语组。职称采用自定义序列:助教、讲师、副教授、教授。

操作步骤 1:启动 Excel 2010,打开 EX5 文件夹中的"职工工资情况表.xlsx"文件,当前工作表为 Sheet1。在"文件"选项卡中单击"选项"按钮,打开"Excel 选项"对话框,在"高级"选项卡中单击"编辑自定义列表"按钮,打开"自定义序列"对话框,在"输入序列"栏下方输入序列:"语文组、数学组、外语组",单击"添加"按钮;在"自定义序列"栏下方选择"新序列",在"输入序列"栏下方继续输入序列:"助教、讲师、副教授、教授",单击"添加"按钮。最后单击"确定"按钮。其效果如图 2-70 所示。最后关闭"Excel 选项"对话框。

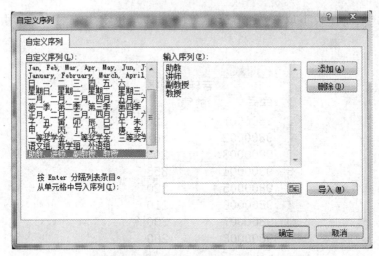

图 2-70 "自定义序列"效果图

操作步骤 2:选中 Sheet1 工作表 A2:K30 单元格区域,在"数据"选项卡的"排序和筛选"组中,单击"排序"按钮,在弹出的"排序"对话框中,"主要关键字"选择"职称","排序次序"选择"自定义序列"中的"助教、讲师、副教授、教授",单击"确定"按钮,返回"排序"对话框,单击"确定"按钮。

操作步骤 3:选中 Sheet1 工作表 A2:K30 单元格区域,在"数据"选项卡的"排序和筛选"组中,单击"排序"按钮,在弹出的"排序"对话框中,"主要关键字"选择"部门","排序次序"选择"自定义序列"中的"语文组、数学组、外语组",单击"确定"按钮,返回"排序"对话框,单击"确定"按钮。

说明:经过上述排序操作后,先按自定义部门序列排序,再按自定义职称序列排序。

2. 分类汇总。先按部门,再按职称分类汇总实发工资的平均值。

操作步骤 1:选中 Sheet1 工作表 A2 单元格,在"数据"选项卡下的"分级显示"组中,单击"分类汇总"按钮,弹出"分类汇总"对话框,在"分类字段"中选择"部门","汇总方式"中选择"平均值","选定汇总项"中选定实发工资,单击"确定"按钮。分类汇总对话框如图 2-71 所示。

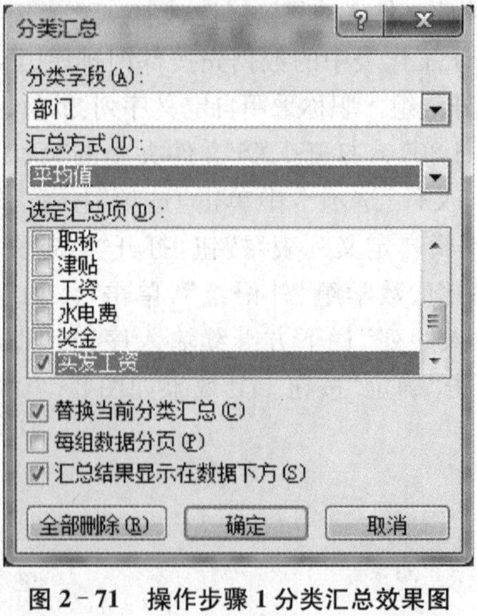

图 2-71 操作步骤 1 分类汇总效果图

操作步骤 2：在"数据"选项卡下的"分级显示"组中，再次单击"分类汇总"按钮，弹出"分类汇总"对话框，在"分类字段"中选择"职称"，"汇总方式"中选择"平均值"，"选定汇总项"中选定实发工资，去掉"替换当前分类汇总"复选框的选中状态，单击"确定"按钮。分类汇总对话框如图 2-72 所示。

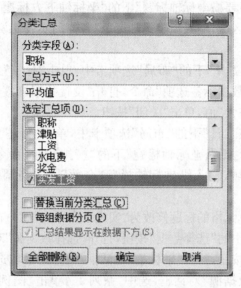

图 2-72　操作步骤 2 分类汇总效果图

3. 图表的创建、编辑。根据 K16：K30：K45 数据，生成一张反映语文组、数学组、外语组平均工资的三维簇状柱形图。将图嵌入当前工作表中，图表标题为"职工表分析"，分类（X）轴输入"各部门实发工资平均值"，数值（Z）轴输入"金额"，数据标签显示值，图表标题字体为黑体、16 号字。

操作步骤 1：单击窗口左边的分级显示符号 [1][2][3][4] 中的"2"按钮，隐藏明细数据，选中 K16、K30、K45 单元格，在"开始"选项卡的"数字"组中，单击"减少小数位数"按钮 ，设置数值小数位数为 0。在"插入"选项卡下的"图表"组中，单击"柱形图"按钮，在下拉列表中选择"三维簇状柱形图"，生成的图表如图 2-73 所示。

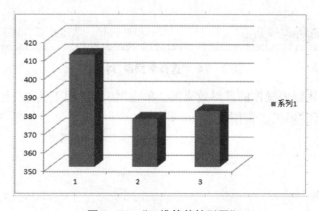

图 2-73　"三维簇状柱形图"

操作步骤 2：在"图表工具"下的"布局"选项卡中，单击"标签"组中的"图表标题"按钮，在下拉列表中选择"图表上方"命令，双击图表区顶部的"图表标题"区域，输入标题"职工表分析"。在"开始"选项卡下的"字体"组中，设置字体为黑体、字号为 16 号。

操作步骤 3：在"图表工具"下的"布局"选项卡中，单击"标签"组中的"坐标轴标题"按钮，在下拉列表中选择"主要横坐标轴标题"下的"坐标轴下方标题"命令，双击"横坐标轴标题"下方的"坐标轴标题"区域，输入横坐标轴标题"各部门实发工资平均值"。适当调整"横坐标轴标题"区域位置。

操作步骤 4：在"图表工具"下的"布局"选项卡中，单击"标签"组中的"数据标签"按钮，在下拉列表中选择"其他数据标签选项"命令，打开"设置数据标签格式"对话框，在"标签选项"选项卡中设置"标签包含"值，单击"关闭"按钮。

操作步骤 5：在"图表工具"下的"布局"选项卡中，单击"标签"组中的"坐标轴标题"按钮，在下拉列表中选择"主要纵坐标轴标题"下的"横排标题"命令，双击"纵坐标轴标题"左方的"坐标轴标题"区域，输入纵坐标轴标题"金额"。适当调整"纵坐标轴标题"区域位置。

操作步骤 6：将 K2 单元格的标题修改为"实发工资平均值"。在"图表工具"下的"设计"选项卡中，单击"数据"组中的"选择数据"按钮，打开"选择数据源"对话框，单击"水平（分类）轴标签"栏下方的"编辑"按钮，打开"轴标签"对话框，轴标签区域选定 A16：A30：A45，单击"确定"按钮，返回"选择数据源"对话框，选中"系列 1"，单击"图例项（系列）"栏下方的"编辑"按钮，打开"编辑数据系列"对话框，"系列名称"选定"K2"，单击"确定"按钮，返回"选择数据源"对话框，单击"确定"按钮，如图 2-74 所示。

图 2-74　"选择数据源"对话框

图 2-75 是上述图表操作的最终效果图。单击"快速访问工具栏"上的"保存"按钮，完成文件的保存。关闭"职工工资情况表.xlsx"文件。

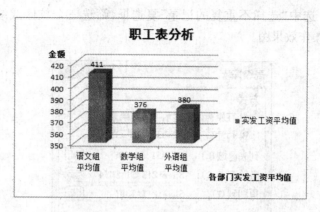

图 2-75 图表操作的效果图

4. 数据筛选。利用"自动筛选"功能筛选出 A 校区或 B 校区或 C 校区的合格记录,利用"高级筛选"功能筛选出 3 个校区的合格记录。

操作步骤 1:启动 Excel 2010,打开 EX5 文件夹中的"计算机成绩. xlsx"文件,当前工作表为 Sheet1。选中 A1 至 I395 单元格区域,单击 Ctrl+C 键,将选中数据复制到 Sheet2 工作表中,从 A1 单元格开始存放。选中 Sheet1 工作表中任一单元格,在"数据"选项卡下的"排序和筛选"组中单击"筛选"按钮,单击"校区"字段下拉按钮,选择"A 校区"选项;单击"选择"字段下拉按钮,在下拉列表中选择"数字筛选",在级联菜单中选择"大于或等于"命令,弹出"自定义自动筛选方式"对话框,输入筛选条件">=24",单击"确定"按钮;单击"成绩"字段下拉按钮,在下拉列表中选择"数字筛选",在级联菜单中选择"大于或等于"命令,弹出"自定义自动筛选方式"对话框,输入筛选条件">=60",单击"确定"按钮,显示筛选结果,此时显示 A 校区计算机成绩合格的记录。单击"校区"字段下拉按钮,选择"B 校区"选项,显示 B 校区计算机成绩合格的记录;选择"C 校区"选项,显示 C 校区计算机成绩合格的记录。

操作步骤 2:单击 Sheet2 工作表,在 K1 单元格中输入"校区",L1 单元格中输入"选择",M1 单元格中输入"成绩",按照图 2-76 所示输入筛选条件。

校区	选择	成绩
A校区	>=24	>=60
B校区	>=24	>=60
C校区	>=24	>=60

图 2-76 "高级筛选"条件示意图

选中 A1 单元格,在"数据"选项卡下的"排序和筛选"组中单击"高级"按钮,弹出"高级筛选"对话框,选择"将筛选结果复制到其他位置"单选按钮,单击"列表区域"右边的地址引用按钮 █,折叠对话框,此时可以进行地址引用,选中 A1 至 I395 单元格区域,再次单击"列表区域"右边的地址引用按钮 █,展开对话框。单击"条件区域"右边的地址引用按钮 █,折叠对话框,此时可以进行地址引用,选中 K1 至 M4 单元格区域,再次单击"条件区域"右边的地址引用按钮 █,展开对话框。单击"复制到"右边的地址引用按钮 █,折叠对话框,此时可以进行地址引用,选中 A397 单元格,再次单击"复制到"右边的地址引用按钮，展开对话框。选中"选择不重复的记录"复选框,筛选三个校区成绩合格的记录。图2-77为高级筛选操作效果图。

图 2-77　高级筛选操作效果图

5. 数据透视表。利用数据透视表统计每个校区每个语种的合格人数和平均成绩,行字段选择语种代码,列字段选择校区,数据区域显示合格人数和平均成绩。

操作步骤1:单击Sheet3工作表,选中B列,在"开始"选项卡下的"单元格"组中单击"插入"按钮,在下拉列表中选择"插入工作表列"命令,在B列前增加一列,输入列标题"语种代码",语种代码为准考证号码的5、6两位,在B2单元格的编辑栏中输入公式＝MID(A2,5,2),拖动B2单元格右下角的填充柄至B395单元格。

操作步骤2:选中Sheet3工作表A1单元格,在"插入"选项卡的"表格"组中单击"数据透视表"按钮,在打开的下拉列表中选择"数据透视表"命令,打开"创建数据透视表"对话框,如图2-78所示。设置数据透视表的放置位置是在新建工作表中,单击"确定"按钮。

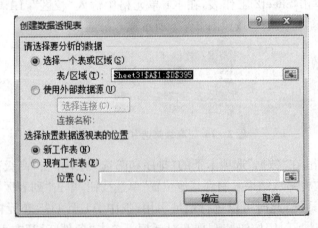

图 2-78　"创建数据透视表"对话框

操作步骤3:在数据透视表工作界面中,将"语种代码"字段拖到"行标签"区域,将"校区"字段拖到"列标签"区域,将"准考证号和成绩"字段拖到"数值"区域,如图2-79所示。

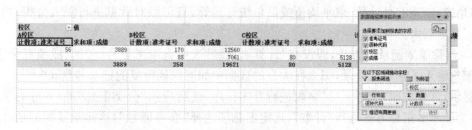

图 2-79　数据透视表操作的效果图

操作步骤 4：双击"计数项：准考证号"，打开"值字段设置"对话框，将"自定义名称"更改为"考试人数"。双击"求和项：成绩"字段，打开"值字段设置"对话框，如图 2-80 所示。

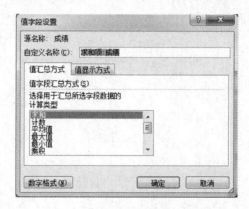

图 2-80　"值字段设置"对话框

在对话框中，"计算类型"栏下方选择"平均值"，单击"数字格式"按钮，设置平均值的小数位数为 0。将"自定义名称"更改为"平均成绩"。

操作步骤 5：在"数据透视表工具"下的"设计"选项卡中，单击"布局"组中的"总计"按钮，在下拉列表中选择"对行和列禁用"命令，取消列总计和行总计。图 2-81 是数据透视表的最终效果图。

图 2-81　数据透视表操作的最终效果图

单击"快速访问工具栏"上的"保存"按钮，完成文件的保存。关闭"计算机成绩.xlsx"文件。

四、思考与实践

1. 在"排序"操作中，若要用自定义排序次序对多个数据列进行排序，则可以逐列进行排序。例如，若要按自定义排序次序对列 A 和列 B 进行排序，先对列 B 区域进行自定义排序，再对列 A 区域进行自定义排序。

2. 数据分类汇总和数据透视表是不同的，分类汇总是对一定分类标准排序后的数值进行按分类标准进行合计汇总，可以多级汇总。数据透视表是对罗列的数据按不同要求多维度(多角度)随意汇总计数、求平均值或简单统计运算,且可以对数据进行深入分析,功能较分类汇总更强大。

3. 删除重复记录的方法,假设在"计算机成绩"表中有准考证号、校区、成绩三个字段。由于疏忽输入了重复的记录,那么在大量的数据中如何找到重复的记录并删除?

提示:首先按照"准考证号"字段进行升序排序,然后应用"分类汇总"操作,分类字段选择"准考证号",汇总方式选择"计数",选定汇总项选择"准考证号",这样重复的记录计数值就会大于1。单击窗口左边的分级显示符号 1 2 3 中的"2"按钮,隐藏明细数据,再按照"准考证号"字段进行升序排序,重复的记录就会排在最后,单击计数值大于1记录左边的 ● 按钮展开记录进行相应的删除操作。

第三章 演示文稿软件
PowerPoint 2010

3.1 本章概述

Microsoft PowerPoint 2010 为创建动态演示文稿与访问群体共享提供了比以往更多的方法。使用新的视听与动态编辑等工具，可以建立更生动的演示文稿，吸引访问群的注意。此外，PowerPoint 2010 还允许用户与他人同时工作或联机发布演示文稿，并从 Web 或基于 Windows Mobile 的 Smart phone 在世界上任何地方进行访问。

PowerPoint 2010 的十大优点如下：

1. 为演示文稿带来更多活力和视觉冲击

应用内置的照片效果而不使用其他照片编辑软件处理可节省时间和金钱。通过使用新增和改进的图像编辑和艺术过滤器功能，如颜色饱和度和色温、亮度和对比度、虚化、画笔和水印的设置，可将图像变得更鲜亮、引人注目。

2. 与他人同步工作

可以同时与不同位置的人合作同一个演示文稿。当访问文件时，可以看到谁在与自己合著演示文稿，并在保存演示文稿时看到他人所作的更改。对于企业和组织，与 Office Communicator 联合可以查看其他作者的联机状态，并可以与没有离开应用程序的人轻松启动会话。

3. 添加个性化视频体验

PowerPoint 2010 可以直接嵌入和编辑视频文件，书签和剪裁视频仅显示相关节。使用视频触发器可以插入文本和标题，使用样式效果（如淡化、映像、柔化棱台和三维旋转）可以提升视觉效果，这些都能帮助用户迅速引起访问群体的注意。

4. 实时显示和说话

通过发送 URL 即时广播，人们可以在 Web 上查看 PowerPoint 演示文稿。即使没有安装 PowerPoint，访问群体也将看到体现用户设计意图的幻灯片。用户还可以将演示文稿转换为高质量的视频，利用电子邮件、Web 或 DVD 与其他人共享文稿。

5. 从其他位置或在其他设备上访问演示文稿

将演示文稿发布到网络后，用户可从计算机或 Smart phone 联机访问、查看和编辑文稿。Microsoft PowerPoint Web 应用程序将 Office 体验扩展到 Web，并享受全屏、高质量复制的演示文稿。当用户离开办公室、家或学校时，联机存储的演示文稿可以通过 PowerPoint Web 应用程序进行编辑。使用 PowerPoint 增强的移动版本（特别适合 Smartphone）保持更新并随时随地进行修改。

6. 使用美妙绝伦的图形创建高质量的演示文稿

使用数十个新增的 SmartArt 布局可以创建多种类型的图表，例如组织系统图、列表和图片图表。将文字转换为令人印象深刻的可以更好地说明用户的想法的直观内容。PowerPoint 2010 创建图表就像键入项目符号列表一样简单，或者只需单击几次就可以将文字和图像转换为图表。

7. 用新的幻灯片切换和动画吸引访问群体

PowerPoint 2010 提供了全新的动态切换，如动作路径和动画效果。

8. 更高效地组织和打印幻灯片

通过使用新功能，幻灯片组织和导航更加简捷。这些新功能可帮助用户将一个演示文稿分为逻辑节或与他人合作时为特定作者分配幻灯片，从而使用户更轻松地管理幻灯片，如只打印需要的节而不是整个演示文稿。

9. 更快完成任务

PowerPoint 2010 简化了访问功能的方式。新增的 Microsoft Office Backstage 视图替换了传统的文件菜单，只需几次点击即可保存、共享、打印和发布演示文稿。通过改进的功能区，用户可以快速访问常用命令，创建自定义选项卡，个性化工作风格。

10. 跨越沟通障碍

PowerPoint 2010 可帮助您在不同的语言间进行通信，翻译字词或短语。

本章以中文版 PowerPoint 2010 为工具，通过"演示文稿的制作"、"演示文稿的个性化"二个案例，介绍 PowerPoint 2010 的使用方法和操作技巧，提高读者应用 PowerPoint 2010 软件进行演讲和宣传的能力。

3.2　常用操作知识点

3.2.1　幻灯片的基本操作

1. 新建幻灯片

在演示文稿中，每张幻灯片之间的内容连接要紧密，在排版过程中，如果发现遗漏了部分内容，可在其中插入新的幻灯片再进行编辑，插入幻灯片的方法如下。

（1）打开演示文稿后，在状态栏上单击"幻灯片浏览"按钮 ，切换到幻灯片浏览视图，在要插入新幻灯片的位置单击鼠标，在两张幻灯片之间出现一条黑线。在"开始"选项卡下的"幻灯片"组中，单击"新建幻灯片"按钮，在下拉列表中选择一种幻灯片版式，在两张幻灯片之间插入一张选定版式的新幻灯片。幻灯片浏览视图中插入幻灯片的优点是浏览视图中可以更清楚、方便地选择新幻灯片的位置。

（2）打开演示文稿后，在状态栏上单击"普通视图"按钮 ，切换到普通视图，选择左窗格的"大纲"或者"幻灯片"选项卡，选定一张幻灯片，按 Enter 键或者按 Ctrl＋M 组合键，可在选中幻灯片下方快速添加一张与所选幻灯片版式相同的空白幻灯片。

2. 删除幻灯片

（1）选中要删除的一张或多张幻灯片，按"Delete"键。

（2）选中要删除的一张或多张幻灯片，右击并在弹出的快捷菜单中选择"删除幻灯片"命令。

（3）选中要删除的一张或多张幻灯片，右击并在弹出的快捷菜单中选择"剪切"命令。

如果误删除了某张幻灯片,可单击"快速访问工具栏"上的"撤销"按钮。

3. 移动幻灯片

(1) 打开演示文稿后,在状态栏上单击"幻灯片浏览"按钮 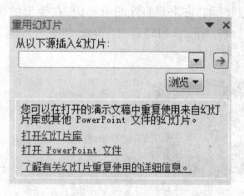,切换到幻灯片浏览视图,单击选中要移动的幻灯片,按住鼠标拖动幻灯片到需要的位置即可。

(2) 选中要移动的幻灯片,在"开始"选项卡下的"剪贴板"组中,单击"剪切"按钮,或按Ctrl+X组合键,或右击并在弹出的快捷菜单中选择"剪切"命令,再选中目标幻灯片,在"开始"选项卡下的"剪贴板"组中,单击"粘贴"按钮,或按Ctrl+V组合键,或右击并在弹出的快捷菜单中的"粘贴选项"中选择需要的粘贴方式,则所选幻灯片移动到目标幻灯片下方。

4. 复制幻灯片

(1) 选中要复制的幻灯片,在"开始"选项卡下的"幻灯片"组中,单击"新建幻灯片"旁边的下拉按钮,在下拉列表中选择"复制所选幻灯片"命令,复制的幻灯片出现在所选幻灯片下方。

(2) 选中要复制的一张或者多张幻灯片,在"开始"选项卡的"剪贴板"组中,单击"复制"按钮,或按Ctrl+C组合键,再将插入点定位于要复制的位置,在"开始"选项卡的"剪贴板"组中,单击"粘贴"按钮,或按Ctrl+V组合键,即可完成复制操作。

(3) 选中要复制的幻灯片,右击并在弹出的快捷菜单中选择"复制"命令,然后右击目标幻灯片,并在弹出的快捷菜单中的"粘贴选项"中选择需要的粘贴方式,则复制的幻灯片出现在目标幻灯片下方。如果右击并在弹出的快捷菜单中选择"复制幻灯片"命令,复制的幻灯片出现在所选幻灯片下方。

5. 重用幻灯片

利用"重用幻灯片"功能,可以从幻灯片库或其他演示文稿中批量复制幻灯片。

在"开始"选项卡下的"幻灯片"组中,单击"新建幻灯片"旁边的下拉按钮,在下拉列表中选择"重用幻灯片"命令,打开"重用幻灯片"任务窗格,如图3-1所示。

图 3-1 "重用幻灯片"任务窗格

在"重用幻灯片"任务窗格中通过"浏览"按钮或"打开 PowerPoint 文件"链接选择打开源演示文稿,根据需要将选中的幻灯片添加到当前演示文稿中,若要保持要复制的幻灯片的当前格式,选择"保留源格式"复选框。如果清除此复选框,复制的幻灯片将采用插入位置前面的幻灯片的格式。

6. 幻灯片分节

对演示文稿中的幻灯片进行分节管理,是 PowerPoint 2010 的新增功能之一。利用

"节"功能可以像使用文件夹一样将幻灯片分成多个逻辑组,可以只查看其中一组,也可以浏览所有组的幻灯片。不需要分组时可以删除节但保留其中的幻灯片,也可以将节和其中的幻灯片一起删除。

节功能使演示文稿的浏览、编辑、查找等操作更加快速方便,可以在"幻灯片浏览"视图中查看节,也可以在"普通视图"中查看节,但如果希望按定义的逻辑类别对幻灯片进行组织和分类,则"幻灯片浏览"视图更有效。

(1) 创建节

在"普通视图"或"幻灯片浏览"视图中,选中要作为节开始的第一张幻灯片,在"开始"选项卡下的"幻灯片"组中,单击"节"旁边的下拉按钮,在下拉列表中选择"新增节"命令,或在要新增节的两张幻灯片之间右击并在弹出的快捷菜单中选择"新增节"命令,将在幻灯片上方出现名为"无标题节"标记。如果所选幻灯片不是演示文稿的第一张幻灯片,则同时会创建两个节,其中一个节标记位于演示文稿的第一张幻灯片上方。

为了使节代表明确的含义,需要为节命名。选择"节"标记,在"开始"选项卡下的"幻灯片"组中,单击"节"旁边的下拉按钮,在下拉列表中选择"重命名节"命令,或右击并在弹出的快捷菜单中选择"重命名节"命令,打开"重命名节"对话框,输入节名称,再单击"重命名"按钮即可完成节名称的修改。

(2) 使用节

如果要调整节的位置,或将节外的幻灯片添加到节中,按住鼠标左键拖动节标记或幻灯片到适当位置释放即可。右击要移动的节标记,在弹出的快捷菜单中选择"向上移动节"或"向下移动节"命令,也可以移动相应的节。

单击节标记左侧的"展开节"或"折叠节"按钮,可以展开或折叠相应节中的所有幻灯片。

(3) 删除节

对于不需要的节可以删除。右击要删除的节标记,在弹出的快捷菜单中根据需要选择"删除节"、"删除所有节"或"删除节和幻灯片"等命令即可。创建节的效果图如图 3-2 所示。

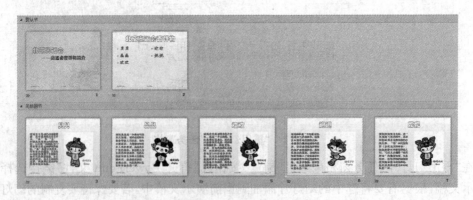

图 3-2 创建节的效果图

💡 说明:

在"开始"选项卡下的"幻灯片"组中,单击"新建幻灯片"旁边的下拉按钮,在下拉列表中选择"幻灯片(从大纲)"命令,打开"插入大纲"对话框,选择要插入的大纲文件,可以直接从

Word 文档导入文本。

3.2.2　文本的编辑与格式设置

1. 更改字体

本功能可以更改特定幻灯片上文本使用的字体类型,或在整篇演示文稿中应用不同的字体,更改字体的操作方法如下。

选取包含要更改字体的文本或占位符。若要更改单一段落或短语的字体,拖动以选取文本。若要更改占位符中所有文本的字体,拖动以选取所有文本,或选取包含这些文本的占位符。若要选取占位符,首先单击文本,占位符边框变为点线标记的框,再指向边框并单击,边框变为粗点线边框,表示现已选中。

在"开始"选项卡下的"字体"组中,单击"字体"对话框启动器,弹出"字体"对话框。在此对话框中,可应用字体格式设置,例如字体、字号、粗体或斜体以及文字颜色,并且可以应用字体的特殊效果。

💡 说明:

如果正在使用一个幻灯片母版,可以更改母版上的字体样式,这些变化会反映到整篇演示文稿中。如果正在使用多个幻灯片母版,则必须更改每个母版上的字体样式。

2. 格式化段落

设置对齐方式:在幻灯片中,选定段落,在"开始"选项卡下的"段落"组中,单击相应的对齐方式按钮 ▤ ▥ ▦ ▤ ▤ 。

行距:在幻灯片上选择要更改行距的段落,在"开始"选项卡下的"段落"组中,单击"行距"按钮 ‡☰ 命令,在下拉列表中选择行距。如对系统预置的行距不满意,可选择"行距选项"命令,弹出"段落"对话框,自定义行距值。若要更改段落之上的距离,在"段前"右边的微调框中键入或单击箭头以更改数值。若要更改段落之下的距离,在"段后"右边的微调框中键入或单击箭头以更改数值。行距的度量单位为"行"或"磅"。

3. 占位符格式化、定位并调整大小

若要在幻灯片上更改占位符,单击占位符。若要更改整篇演示文稿的占位符,在"视图"选项卡下的"母版视图"组中,单击"幻灯片母版"、"备注母版"或"讲义母版"按钮,在相应母版编辑视图窗口状态下单击要更改的占位符。

若要调整占位符的大小,指向尺寸控点,当指针变为双向箭头时,拖动该控点。若要重新定位占位符,指向它,当指针变为四向箭头时,将占位符拖动到新位置。若要添加或更改填充颜色或边框,选中占位符,右击在弹出的快捷菜单中选择"设置形状格式"命令,弹出"设置形状格式"对话框,在"线条"选项卡中可设置占位符的线条类型,在"填充"栏中可设置占位符的填充类型,如渐变填充、图片或纹理填充等。若要更改字体,在"开始"选项卡下的"字体"组中,单击"字体"对话框启动器,弹出"字体"对话框,在此对话框中设置字体格式。

3.2.3　幻灯片的外观设计

对于演示文稿,可以通过使用母版、设计模板、配色方案和幻灯片版式,来控制幻灯片的外观,可以使所有幻灯片具有统一的风格。同时通过背景设计,可以修改幻灯片的背景颜色及其填充效果。

1. 母版

母版是一种特殊形式的幻灯片,用于统一演示文稿中幻灯片的外观,控制幻灯片的格式。PowerPoint 提供的母版分为四种,分别用来控制幻灯片、标题幻灯片、讲义和备注的格式,下面分别进行介绍。

幻灯片母版:控制在幻灯片上键入的标题和文本的格式与类型。

标题母版:控制标题幻灯片的格式和位置,控制指定为标题幻灯片的格式与类型。

讲义母版:添加或修改在每页讲义中出现的页眉或页脚的信息。

备注母版:控制备注的版式以及备注文字的格式。

(1) 查看幻灯片母版

在"视图"选项卡下的"母版视图"组中,单击"幻灯片母版"、"备注母版"或"讲义母版"按钮,即可打开相应母版的编辑视图窗口,图3-3是幻灯片母版的编辑视图窗口,同时在功能区添加"幻灯片母版"选项卡,如图3-4所示。

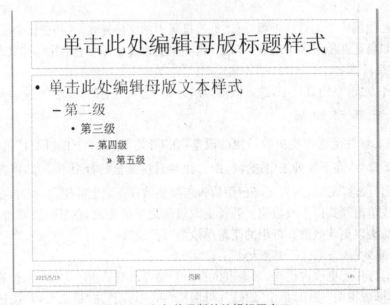

图 3-3　幻灯片母版的编辑视图窗口

图 3-4　"幻灯片母版"选项卡

(2) 编辑母版中的占位符

图3-3所示的幻灯片母版由五个占位符组成,通过对这些占位符的编辑,可以设置文本的字体、字号、颜色、加粗、倾斜、下划线和段落对齐方式等,例如编辑母版标题文字的格式。

(3) 插入日期和时间

在幻灯片母版窗口左下角的"日期区"占位符中,单击要插入日期或时间的位置,在"插入"选项卡下的"文本"组中,单击"日期和时间"按钮 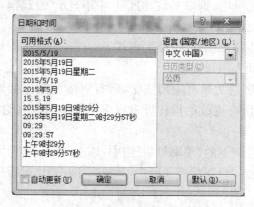,弹出"日期和时间"对话框,如图 3-5所示。在此对话框中,可根据需要设置日期和时间的格式。如果选择了对话框中的"自动更新"复选框,则每次打开或演示这个幻灯片时,所插入的日期和时间就会根据计算机系统的时间自动更新。

图 3-5　"日期和时间"对话框

（4）插入页眉和页脚

在幻灯片母版窗口下面的"页脚"占位符中,单击页脚所处位置,在"插入"选项卡下的"文本"组中,单击"页眉和页脚"按钮 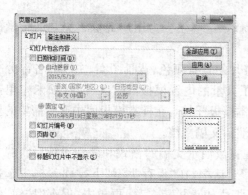,弹出"页眉和页脚"对话框,如图 3-6 所示,在"幻灯片"选项卡中,选中"页脚"复选框,并在其下方的文本框中输入页脚的内容。单击"备注和讲义"选项卡,如图3-7所示,选中"页眉"复选框,并在其下方的文本框中输入页眉的内容。

图 3-6　"幻灯片"选项卡　　　　　　图 3-7　"备注和讲义"选项卡

（5）插入幻灯片编号

在幻灯片母板窗口的右下角的"数字"占位符中,单击代表幻灯片编号的♯符,在"插入"选项卡下的"文本"组中,单击"页眉和页脚"按钮,弹出"页眉和页脚"对话框,选中"幻灯片编号"复选框。所有设置完毕后,单击"幻灯片母版"选项卡中的"关闭母版视图"按钮,即可返回到演示文稿的编辑窗口,并将更改的属性应用到幻灯片中。

💡 说明:

在"页眉和页脚"对话框中,选中"固定"单选按钮,并在其下方的文本框中输入内容,则

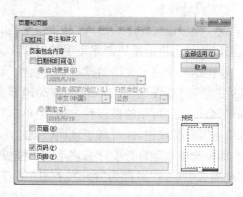

在日期区占位符中显示输入的内容而不显示日期和时间。

插入幻灯片编号、日期和时间不必先打开幻灯片母版，直接在"插入"选项卡下的"文本"组中，单击"日期和时间"和"幻灯片编号"按钮进行操作。同样页眉和页脚的操作也可以不打开幻灯片母版，直接在"插入"选项卡下的"文本"组中，单击"页眉和页脚"按钮进行操作。

在"页眉和页脚"对话框中，选中"标题幻灯片中不显示"复选框，可以实现基于标题母版的幻灯片不显示页眉和页脚。

在幻灯片母版窗口中添加图片，可以实现基于幻灯片母版的幻灯片显示同样的图片，而不必每张幻灯片都重复插入图片操作。

应用和全部应用的区别为单击应用按钮，所有更改的操作针对正在操作的一张幻灯片；单击全部应用按钮，所有更改的操作针对本演示文稿的所有幻灯片。

（6）新建母板

在"幻灯片母版"选项卡下的"编辑母版"组中，单击"插入幻灯片母版"按钮，在当前母板的最后一个版式下方添加一套新母板和版式，并按顺序在新增母板幻灯片左上角添加编号。

（7）重命名母板

新母板默认以"自定义设计方案"命名，选中新母板，在"幻灯片母版"选项卡下的"编辑母版"组中，单击"重命名"按钮，或右击并在弹出的快捷菜单中选择"重命名母板"命令，可以打开"重命名版式"对话框，输入新名称重新命名新母板。

（8）删除母板

如果要将不需要的母板删除，选中要删除的母板，在"幻灯片母版"选项卡下的"编辑母版"组中，单击"删除"按钮，或右击并在弹出的快捷菜单中选择"删除母板"命令即可。

2. 设计模板和主题

（1）设计模板

设计模板以文件形式出现，其扩展名为.potx。这些模板为用户提供了美观的背景图案，可以帮助用户迅速地创建完美的幻灯片。

模板是一个演示文稿的样板，它包含了幻灯片的背景颜色、背景图案、主题和各部分文字的格式等外观设置。PowerPoint 2010 提供了大量的内置模板，在"文件"选项卡中单击"新建"命令，在"可用的模板和主题"中单击"样本模板"图标，在样本模板库中选择需要的模板，单击"创建"按钮，即可基于该模板创建一个演示文稿文档。

如果希望创建自行设计的演示文稿模板，在完成演示文稿的格式和外观设计后，在"文件"选项卡中单击"另存为"命令，打开"另存为"对话框，在"保存类型"下拉列表框中选择"PowerPoint 模板(＊.ptox)"，在"文件名"文本框中输入模板名称，再单击"保存"按钮，便可创建自定义的模板。

使用自定义模板创建演示文稿时，在"文件"选项卡中单击"新建"命令，在"可用的模板和主题"中单击"我的模板"图标，打开"新建演示文稿"对话框，选择自定义的模板，单击"确定"按钮，即可创建基于所选模板的演示文稿。

（2）主题

若要使演示文稿具有统一和较高质量的外观、匹配背景、字体和效果协调的幻灯片版式，将需要应用一个主题。同时可以通过使用主题功能来快速地美化和统一演示文稿中每一张幻灯片的风格。

　　在 PowerPoint 中，利用内置主题或用户自定义主题，可以快速统一整个演示文稿的颜色、字体和效果格式。

　　在"设计"选项卡下的"主题"组中，单击"其他"按钮 🔽 ，打开主题样式库，将鼠标移动到某个主题上，可以实时预览相应的效果；单击某个主题，可以将该主题快速应用到当前演示文稿中；右击某个主题并在弹出的快捷菜单中选择"应用于所选幻灯片"命令，可以将该主题应用于所选幻灯片。

　　如果对内置主题样式中的颜色、字体和效果不满意，可以在"设计"选项卡下的"主题"组中，单击"颜色"、"字体"和"效果"按钮进行修改或新建。

　　对当前主题进行修改或自定义后，在主题样式列表中选择"保存当前主题"命令，打开"保存当前主题"对话框，此时文件位置自动定位到 C:\Users\Administrator\AppData\Roaming\Microsoft\Templates\Document Themes 路径的文件夹中，在"文件名"文本框中输入自定义主题的名称，然后单击"保存"按钮，即可创建并保存自定义主题。在主题样式库中右击自定义主题，在弹出的快捷菜单中选择"删除"命令，并在打开的对话框中单击"是"按钮，可以删除自定义主题。图 3-8 是主题样式列表。

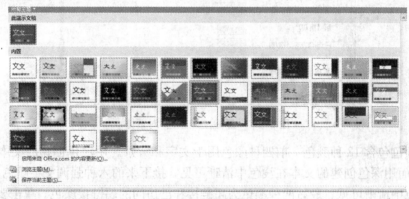

图 3-8　主题样式列表

💡 说明：

　　若要将设计模板或主题应用于单个或多个幻灯片，在"主题样式列表"中选择"浏览主题"命令，打开"选择主题或主题文档"对话框，文件类型选择"Office 主题和主题文档"，选定相应的主题或设计模板，单击"打开"按钮应用设计模板或主题。

　　用主题创建演示文稿。使用主题可使没有专业设计水平的用户设计出专业的演示文稿效果。其方法是启动 PowerPoint 后，在"文件"选项卡中选择"新建"命令，在打开的"可用的模板和主题"栏中单击"主题"按钮，在打开的主题下拉列表中选择需要的主题，单击"创建"按钮，即可创建一个应用主题的演示文稿。

　　PowerPoint 模板是一张幻灯片或一组幻灯片的图案或蓝图，其后缀名为 .potx；模板可以包含版式、主题颜色、主题字体、主题效果和背景样式，甚至还可以包含内容。而主题是将设置好的颜色、字体和背景效果整合到一起，一个主题中只包含这三个部分。

　　PowerPoint 模板和主题的最大区别是模板中可包含多种元素，如图片、文字、图表、表格、动画等，而主题中则不包含这些元素。

3. 主题颜色

修改主题颜色对演示文稿的更改效果最为显著。通过一个单击操作,即可将演示文稿的色调快速更改为美化的色调。在"设计"选项卡下的"主题"组中,单击"颜色"按钮,在下拉列表框中选择"新建主题颜色"命令,打开"新建主题颜色"对话框,如图3-9所示。

图3-9　"新建主题颜色"对话框

主题颜色包含12种颜色。前四种颜色用于文字和背景。用浅色创建的文本在深色中清晰可见,而用深色创建的文本在浅色中清晰可见。接下来的六种强调文字颜色,可在四种潜在背景色中清晰可见。最后两种颜色为超链接和已访问的超链接颜色。单击要修改颜色的一个对象(如超链接),再单击其右侧的下拉按钮,选择"其他颜色"命令,打开"颜色"对话框,在"自定义"选项卡,通过红、绿、蓝三种颜色数字分量的设置,可以精确地定义所需颜色,如图3-10所示。

图3-10　"颜色"对话框"自定义"选项卡

4. 幻灯片版式

幻灯片版式指的是幻灯片内容在幻灯片上的排列方式。版式由占位符组成,而占位符可放置文字(如标题和项目符号列表)和幻灯片内容(如表格、图表、图片、形状和剪贴画)。

(1) 新建版式

在默认母板或自定义母板中都包含一定数量的版式。如果需要在某个母板中添加新的版式,在"视图"选项卡下的"母版视图"组中,单击"幻灯片母版"按钮,打开幻灯片母版编辑视图窗口,同时添加"幻灯片母版"选项卡,在"编辑母版"组中,单击"插入版式"按钮,或右击并在弹出的快捷菜单中选择"插入版式"命令,将在所选版式下方插入一个新的版式。

(2) 重命名版式

新版式默认以"自定义版式"命名,选择要重命名版式,在"幻灯片母版"选项卡下的"编辑母版"组中,单击"重命名"按钮,或右击并在弹出的快捷菜单中选择"重命名版式"命令,可以打开"重命名版式"对话框输入新名称。

(3) 设计版式

设计版式幻灯片时,选中需要删除的占位符,右击在弹出的快捷菜单中选择"剪切"命令。在"幻灯片母版"选项卡下的"母版版式"组中,单击"插入占位符"按钮,在下拉列表中选择需要的占位符(如媒体),然后在幻灯片中绘制相应的占位符,利用占位符边框上的控制点调整大小,并在占位符中输入相应的内容。根据需要完成特定版式设计并重命名后,在"幻灯片母版"选项卡下的"关闭"组中,单击"关闭母板视图"按钮,返回"普通视图"。在"开始"选项卡下的"幻灯片"组中,单击"新建幻灯片"下拉按钮,或右击幻灯片并在弹出的快捷菜单中选择"版式"命令,在幻灯片版式列表中将显示新设计的版式,单击该版式可以新建一张以该版式为基础的幻灯片。

(4) 删除版式

如果要将不需要的版式删除,选中要删除的版式,在"幻灯片母版"选项卡的"编辑母版"组中,单击"删除"按钮,或右击并在弹出的快捷菜单中选择"删除版式"命令即可。

(5) 更改版式

选择需要修改版式的幻灯片,在"开始"选项卡下的"幻灯片"组中,单击"版式"按钮,在下拉列表中选择所需的版式即可。也可在要更改版式的幻灯片空白处单击鼠标右键,在弹出的快捷菜单中选择"版式"命令,在其级联子菜单中选择所需的幻灯片版式。

3.2.4 背景颜色和填充效果

如果只希望幻灯片背景为简单的底纹或纹理,而不需要设计模板中的所有其他设计元素,或者只希望更改背景以强调演示文稿的某些部分,则更改背景是有用的。除可更改颜色外,还可添加底纹、图案、纹理或图片。更改幻灯片背景时,可将更改应用于当前幻灯片或所有幻灯片。

1. 更改背景样式

PowerPoint 的每个主题提供了 12 种背景样式,用户可以选择一种背景样式快速改变演示文稿中幻灯片的背景。选择更改对象时,既可以改变演示文稿中所有幻灯片的背景,也可以只改变所选幻灯片的背景。更改幻灯片的背景样式操作步骤如下：在"设计"选项卡下的"背景"组中单击"背景样式"按钮，在12种背景样式中选择一种。如果要应用到当前幻灯片，可以在背景样式上单击右键，在弹出菜单中选择"应用于所选幻灯片"命令，如果要应用到全部幻灯片，可以选择"应用于所有幻灯片"命令。

2. 纯色填充

纯色填充就是指采用一种颜色来设置幻灯片的背景，用户可以选择任意一种颜色来对幻灯片的背景进行填充，具体操作步骤如下：在"设计"选项卡下的"背景"组中，单击"背景样式"按钮，在下拉列表中选择"设置背景格式"命令，打开"设置背景格式"对话框，如图3-11所示。

图3-11　"设置背景格式"对话框

在"设置背景格式"对话框"填充"选项卡中，单击选中"纯色填充"单选按钮，再单击"颜色"右侧的下拉按钮，从下拉列表中选择幻灯片背景的颜色。如果要将设置的纯色填充应用到所有的幻灯片中，可以单击"全部应用"按钮。

3. 渐变填充

渐变填充就是采用两种或两种以上的颜色进行背景设置，这样会使背景样式更加多样化，色彩更加丰富。但是渐变填充也不要使用过多的颜色，否则会让人有眼花缭乱的感觉。

在"设置背景格式"对话框"填充"选项卡中，单击选中"渐变填充"单选按钮，单击"预设颜色"右侧的下拉按钮，从下拉列表中选择预设的渐变效果，比如选择"心如止水"选项，如图3-12所示。

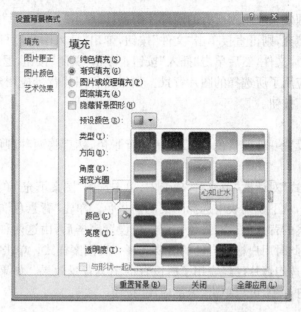

图 3-12　设置"渐变填充"

单击"关闭"按钮,返回幻灯片中,可以看到所选幻灯片已经应用了所设置的渐变填充颜色。如果要将设置的渐变填充应用到所有的幻灯片中,可以单击"全部应用"按钮。

4. 图片或纹理填充

如果用户拥有好的照片或者保存着一些漂亮的图片,都可以将其应用到幻灯片的背景中。PowerPoint 还为用户提供了一套预置的纹理样式,用户同样可以采用纹理进行填充。在"设置背景格式"对话框"填充"选项卡中,单击选中"图片或纹理填充"单选按钮。

若要采用纹理填充,则可单击"纹理"右侧的下拉按钮,在下拉列表中选择内置的纹理效果,比如选择"羊皮纸"纹理,如图 3-13 所示。

图 3-13　设置"纹理"

单击"关闭"按钮,返回幻灯片中,可以看到所选幻灯片已经应用了所设置的纹理效果。

如果要将设置的纹理效果应用到所有的幻灯片中,可以单击"全部应用"按钮。

若要采用图片填充,则可直接单击"文件"按钮,弹出"插入图片"对话框,查找背景图片的保存位置,选择图片文件,然后单击"插入"按钮。单击"关闭"按钮,返回幻灯片中,可以看到所选幻灯片已经应用了所选择的图片背景。如果要将图片背景应用到所有的幻灯片中,可以单击"全部应用"按钮。

5. 图案填充

图案填充就是设置一种前景色,再设置一种背景色,然后将两种颜色进行组合,以不同的图案显示出来。

在"设置背景格式"对话框"填充"选项卡中,单击选中"图案填充"单选按钮。单击"前景色"右侧的下拉按钮,从下拉列表中选择图案的前景色。单击"背景色"右侧的下拉按钮,从下拉列表中选择图案的背景色。前景色和背景色设置完毕后,由这两种颜色所组成的图案样式将会显示出来,此时用户根据自己的需要选择一种图案样式。单击"关闭"按钮,返回幻灯片中,可以看到所选幻灯片已经应用了所设置的图案背景效果。如果要将设置的图案背景应用到所有的幻灯片中,可以单击"全部应用"按钮。

3.2.5　插入对象

1. 插入组织结构图

在 PowerPoint 中可以插入组织结构图来表现各种关系。组织结构图由一系列图框和连线组成,用来描述一种结构关系或层次关系。

在"插入"选项卡上的"插图"组中,单击"SmartArt",弹出"选择 SmartArt 图形"对话框。在"选择 SmartArt 图形"库中,单击左侧的"层次结构",右侧单击选择一种组织结构图布局(如组织结构图),然后单击"确定",如图 3 - 14 所示。同时在功能区添加了"SmartArt工具"选项卡。

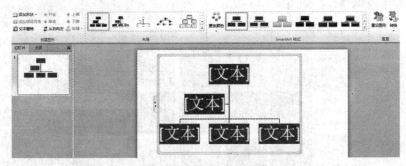

图 3 - 14　组织结构图

"组织结构图"的主要功能如下。

添加形状:可以在组织结构图中插入新的形状,可使用的形状有"下属"、"同事"和"助手"。单击要向其添加框的 SmartArt 图形,单击最靠近要添加的新框的现有框,在"SmartArt 工具"下的"设计"选项卡上,单击"创建图形"组中"添加形状"旁的箭头。若要于所选框所在的同一级别上插入一个框,但要将新框置于所选框后面,请单击"在后面添加形状"。若要于所选框所在的同一级别上插入一个框,但要将新框置于所选框前面,请单击"在前面添加形状"。若要在所选框的上一级别插入一个框,请单击"在上方添加形状"。新框将占据所选框的位置,而所选框及直接位于其下的所有框均降一级。若要在所选框的下一级别插入一个框,请单击"在下方添加形状"。若要添加助理框,请单击"添加助理"。

SmartArt 样式:SmartArt 样式是各种效果(如线型、棱台或三维)的组合,可应用于 SmartArt 图形中的框,以创建独特且具有专业设计效果的外观。单击要更改其 SmartArt 样式的 SmartArt 图形,在"SmartArt 工具"下的"设计"选项卡中的"SmartArt 样式"组中,单击所需的 SmartArt 样式。若要查看更多 SmartArt 样式,请单击"其他"按钮 。

布局:更改组织结构图布局。在"SmartArt 工具"下的"设计"选项卡中的"布局"组中,单击所需的布局。

悬挂布局:悬挂布局影响所选框下方的所有框的布局。单击组织结构图中要对其应用悬挂布局的框,在"SmartArt 工具"下的"设计"选项卡上,单击"创建图形"组中的"布局"。若要将选定框之下的所有框居中,单击"标准"。若要将选定框之下的框以每行两个的方式水平排列,并将选定框在它们的上方居中,单击"两边悬挂"。若要将选定框之下的框右对齐垂直排列,并将选定框置于它们的右侧,单击"左悬挂"。若要将选定框之下的框右对齐垂直排列,并将选定形状置于它们的左侧,单击"右悬挂"。

组织结构图的颜色:可以将来自主题颜色的颜色组合应用于 SmartArt 图形中的框。单击要更改其颜色的 SmartArt 图形。在"SmartArt 工具"下的"设计"选项卡上,单击"SmartArt 样式"组中的"更改颜色"按钮,单击所需的颜色组合。

图 3-15 是组织结构图的效果图。

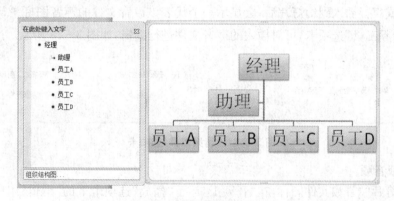

图 3-15 组织结构图的效果图

💡 说明:

创建 SmartArt 图形时,系统将提示选择一种 SmartArt 图形类型,如"流程"、"层次结构"、"循环"或"关系"。每种类型的 SmartArt 图形包含几个不同的布局。选择了一个布局之后,可以很容易地切换 SmartArt 图形的布局或类型。新布局中将自动保留大部分文字和其他内容以及颜色、样式、效果和文本格式。图 3-16 是垂直项目符号列表的效果图。

图 3-16 垂直项目符号列表的效果图

2. 插入音频

在 PowerPoint 的幻灯片中可以插入三种类型的音频,包括"剪贴画音频"、"文件中的音频"、"录制音频"。在播放幻灯片时,这些插入的声音将一同播放。

(1) 剪贴画音频

在"插入"选项卡下的"媒体"组中,单击"音频"下拉按钮,在下拉列表中选择"剪贴画音频"命令,打开"剪贴画"任务窗格。"剪贴画"任务窗格列出了剪辑库中的音频,单击需要的音频图标,即可将其插入到幻灯片中。

(2) 文件中的音频

在"插入"选项卡下的"媒体"组中,单击"音频"下拉按钮,在下拉列表中选择"文件中的音频"选项,打开"插入音频"对话框,双击需要的音频文件,即可将其插入到幻灯片中。

(3) 录制音频

在"插入"选项卡下的"媒体"组中,单击"音频"下拉按钮,在下拉列表中选择"录制音频"选项,打开"录音"对话框,如图 3－17 所示。

在"录音"对话框的"名称"文本框中输入合适的名称,单击录制按钮 ● 开始录音,单击停止按钮 ■ 完成录音,单击播放按钮 ▶ 试听录音效果,单击"确定"按钮将录音插入到幻灯片中。

图 3－17 "录音"对话框

将音乐或声音插入到幻灯片后,会显示一个代表该声音文件的声音图标 🔊,同时在功能区添加"音频工具"选项卡,可对插入的声音文件进行编辑,如图 3－18 所示。

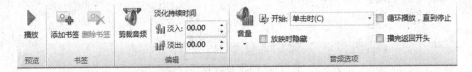

图 3－18 "音频工具"选项卡

(4) 剪裁音频

选中幻灯片中音频文件图标,在"音频工具"下"播放"选项卡下的"编辑"组中,单击"剪裁音频"按钮,或右击并在弹出的快捷菜单中选择"剪裁音频"命令,打开"剪裁音频"对话框,如图 3－19 所示。

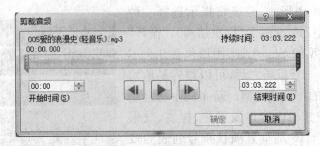

图 3－19 "剪裁音频"对话框

"剪裁音频"对话框中间的进度条代表声音的播放长度,进度条两端的滑块分别用于控制剪裁后声音的起点和终点,也可以直接在"开始时间"和"结束时间"框中输入声音的起点和终点时间。

(5)音频书签

为了快速定位到音频中某个特定位置,可以为音频添加书签。选中幻灯片中音频文件图标,鼠标移到播放音频控制条需要添加书签处单击,在"播放"选项卡下的"书签"组中,单击"添加书签"按钮。单击播放音频控制条上的音频书签,在"播放"选项卡下的"书签"组中,单击"删除书签"按钮,或按 Delete 键,可以删除所选书签。

(6)设置音频剪辑的播放选项

在幻灯片上,选择音频文件图标。在"播放"选项卡下的"音频选项"组中,执行下列操作之一:若要在放映该幻灯片时自动开始播放音频文件,在"开始"下拉列表中单击"自动"。若要通过在幻灯片上单击音频文件来手动播放,在"开始"下拉列表中单击"单击时"。若要在演示文稿中单击切换到下一张幻灯片时播放音频文件,在"开始"列表中单击"跨幻灯片播放"。要连续播放音频文件直至停止播放,选中"循环播放,直到停止"复选框。选中"播完返回开头"复选框返回音频文件开始位置。选中"放映时隐藏"复选框,隐藏音频文件图标。注意,只有将音频文件设置为自动播放,才可使用该选项。

💡 说明:

PowerPoint 2010 支持的音频文件格式见表 3-1 所示。

表 3-1   PowerPoint 2010 支持的音频格式

文件格式	扩 展 名	文件信息
AIFF 音频文件	. aiff	音频交换文件格式,这种声音格式最初用于 Apple 和 Silicon Graphics (SGI) 计算机,其波形文件以 8 位的非立体声(单声道)格式存储,这种格式不进行压缩,因此导致文件很大
AU 音频文件	. au	UNIX 音频,这种文件格式通常用于为 UNIX 计算机或网站创建声音文件
MIDI 文件	. mid 或 . midi	乐器数字接口,这是用于在乐器、合成器和计算机之间交换音乐信息的标准格式
MP3 音频文件	. mp3	MPEG Audio Layer 3,这是一种使用 MPEG Audio Layer 3 编解码器进行压缩的声音文件
Windows 音频文件	. wav	波形格式,这种音频文件格式将声音作为波形存储,这意味着一分钟长的声音所占用的存储空间可能仅为 644 KB,也可能高达 27 MB
Windows Media Audio 文件	. wma	这是一种使用 Microsoft Windows Media Audio 编解码器进行压缩的声音文件,该编解码器是 Microsoft 开发的一种数字音频编码方案,用于发布录制的音乐(通常发布到 Internet 上)

在"播放"选项卡下的"编辑"组中,通过"淡入"或"淡出"右边的微调框,可以设置音频文件的淡入淡出效果。在"播放"选项卡下的"音频选项"组中,单击"音量"按钮,可以调整音乐文件的音量高低。

3. 插入视频

在 PowerPoint 的幻灯片中可以插入三种类型的视频,有"文件中的视频"、"来自网站的视频"、"剪贴画视频"。在播放幻灯片时,这些插入的视频将一同播放。

(1) 嵌入来自剪贴画库的动态 Gif

在"普通"视图中,单击要在其中嵌入动态 Gif 文件的幻灯片。在"插入"选项卡下的"媒体"组中,单击"视频"下拉按钮,在下拉列表中单击"剪贴画视频"。在"剪贴画"任务窗格中列出了剪辑库中的视频,单击需要的视频图标,即可将其插入到幻灯片中。

(2) 嵌入来自文件的视频

在"普通"视图下,单击要向其中嵌入视频的幻灯片。在"插入"选项卡下的"媒体"组中,单击"视频"下拉按钮,在下拉列表中单击"文件中的视频",弹出"插入视频"对话框,找到并单击要嵌入的视频,然后单击"插入"嵌入视频文件。如果要链接视频,则单击"插入"按钮的下拉箭头,然后单击"链接到文件"。

注意:只有安装了 QuickTime 和 Adobe Flash 播放器,则 PowerPoint 才支持 QuickTime(. mov、. mp4)和 Adobe Flash (. swf) 文件。

(3) 链接到网站上的视频文件

在"幻灯片"选项卡上的"普通"视图中,单击要为其添加视频的幻灯片。在浏览器中,寻找链接的视频网站,例如优酷或土豆。在网站上,找到要链接的视频,然后找到并复制"嵌入"代码。返回 PowerPoint 中,在"插入"选项卡下的"媒体"组中,单击"视频"下拉按钮,在下拉列表中单击"来自网站的视频"。在"来自网站的视频"对话框中,粘贴嵌入代码,然后单击"插入"嵌入网站视频文件。

(4) PowerPoint 2010 支持的视频文件格式

PowerPoint 2010 支持的视频文件格式见表 3-2 所示。

表 3-2   PowerPoint 2010 支持的视频文件格式

文件格式	扩 展 名	文件信息
Adobe Flash Media 文件	. swf	Flash 视频,这种文件格式通常使用 Adobe Flash Player 通过 Internet 传送视频
Windows 视频文件	. avi	音频视频交错,这是一种多媒体文件格式,用于存储格式为 Microsoft 资源交换文件格式 (RIFF) 的声音和运动画面。这是最常见的格式之一,因为很多不同的编解码器压缩的音频或视频内容都可以存储在.avi 文件中
Windows Media 文件	. asf	高级流格式,这种文件格式存储经过同步的多媒体数据,并可用于在网络上以流的形式传输音频和视频内容、图像及脚本命令
电影文件	. mpg 或 . mpeg	这是运动图像专家组开发的一组不断发展变化的视频和音频压缩标准,这种文件格式是为与 Video-CD 和 CD-i 媒体一起使用而专门设计的
Windows Media Video 文件	. wmv	这种文件格式使用 Windows Media Video 编解码器压缩音频和视频,这是一种压缩率很大的格式,它需要的计算机硬盘存储空间最小

插入或链接视频文件后，会显示一个代表该视频文件的图片。同时在功能区显示"视频工具"选项卡，可对插入的视频文件进行编辑，如图 3-20 所示。

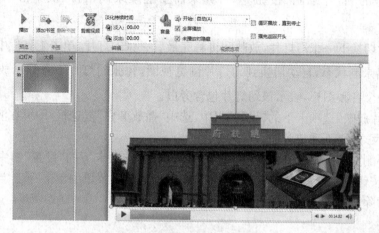

图 3-20 "视频工具"选项卡和视频效果图

（5）在视频中添加标牌框架

添加标牌框架后，可为观众提供视频预览图像。单击"播放"开始播放视频，直至到要用作标牌框架的框架。在"视频工具"中"格式"选项卡下的"调整"组中，单击"标题框架"按钮，在下拉列表中可选择：当前框架、文件中的图像。

（6）设置视频文件的播放选项

在"播放"选项卡下的"视频选项"组中，选中"全屏播放"复选框可以全屏播放视频。选中"未播放时隐藏"复选框可以在不播放时隐藏视频文件。选中"播完返回开头"复选框可在播放完毕后返回视频文件开头。

4. 录制旁白

旁白就是在放映幻灯片时，用声音讲解该幻灯片的主题内容，使演示文稿的内容更容易让观众明白理解。要在演示文稿中插入旁白，需要先录制旁白。录制旁白时，可以浏览演示文稿并将旁白录制到每张幻灯片上。录制旁白的方法如下。

在普通视图的"大纲"或"幻灯片"选项卡上，选择要开始录制的幻灯片图标或者缩略图。在"幻灯片放映"选项卡下的"设置"组中单击"录制幻灯片演示"按钮，在下拉列表中选择"从头开始录制"或"从当前幻灯片开始录制"命令，打开"录制幻灯片演示"对话框，如图 3-21 所示。

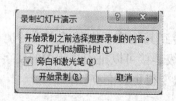

图 3-21 "录制幻灯片演示"对话框

图 3-22 "录制"工具栏

在对话框中选中"幻灯片和动画计时"和"旁白和激光笔"复选框，单击"开始录制"按钮进入录制状态，同时添加"录制"工具栏，如图 3-22 所示。

如果需要重新录制旁白,单击"录制"工具栏中的"重复"按钮 ↺ ;如果需要暂停录制,单击工具栏中的"暂停录制"按钮 ❚❚ ;如果需要继续录制,再一次单击"暂停录制"按钮 ❚❚ 。

单击鼠标切换下一张幻灯片,放映和讲解完最后一张幻灯片,单击工具栏中的"下一个"按钮 ➡ ,退出录制状态,自动切换到幻灯片浏览视图,每张幻灯片下方显示放映时间并在右下角添加一个音频图标,表示该幻灯片包含旁白。

在"幻灯片放映"选项卡下的"设置"组中,选中"播放旁白"复选框,即可在演示文稿放映时播放旁白;反之,则不播放旁白。

如果需要删除演示文稿中的旁白,在"幻灯片放映"选项卡下的"设置"组中,单击"录制幻灯片演示"按钮,在下拉菜单中选择"清除",在弹出的级联菜单中单击"清除当前幻灯片中的旁白"或"清除所有幻灯片中的旁白"命令。

💡 **说明:**

在演示文稿中每次只能播放一种声音,因此如果已经插入了自动播放的声音,语音旁白会将其覆盖。

5. 排练计时

"排练计时"是通过预览演示文稿放映效果,记录每张幻灯片的放映时间,供演示文稿自动放映时使用。

打开要设置排练时间的演示文稿,在"幻灯片放映"选项卡下的"设置"组中单击"排练计时"按钮,进入幻灯片放映并计时状态,同时出现"录制"工具栏。单击鼠标切换到下一张幻灯片,直至最后一张幻灯片,再次单击结束幻灯片的放映,弹出一个提示框,显示幻灯片放映的总时间,并询问是否保存新的幻灯片排练时间。如果单击"是"按钮,可在幻灯片浏览视图中看到每张幻灯片的放映时间,排练时间被保留,并在以后播放时使用;单击"否"按钮,排练时间将被取消。在"切换"选项卡下的"计时"组中,通过"设置自动换片时间"也可设置演示文稿中的幻灯片经过选定秒数移至下一张幻灯片。

在"幻灯片放映"选项卡下的"设置"组中,选中"使用计时"复选框,即可在演示文稿放映时使用计时。

如果需要删除演示文稿中的计时,在"幻灯片放映"选项卡下的"设置"组中,单击"录制幻灯片演示"按钮,在下拉菜单中选择"清除",在弹出的级联菜单中单击"清除当前幻灯片中的计时"或"清除所有幻灯片中的计时"命令。

3.2.6　超链接

超链接是实现从一个演示文稿或文件快速跳转到其他演示文稿或文件的捷径,通过它可以在自己的计算机上、网络上进行快速切换。超级链接可以是幻灯片中的文字或图形,也可以是网页。超级链接和动作设置使幻灯片的放映变得更具交互性。

1. 文字链接

选中需要创建超级链接的文字,在"插入"选项卡下的"链接"组中,单击"超链接"按钮,或右击并在弹出的快捷菜单中选择"超链接"命令,打开"插入超链接"对话框,如图 3-23 所示。被链接文字的下方将带有下划线,同时文字的颜色也发生了变化。

图 3 - 23　"插入超链接"对话框

（1）创建指向自定义放映或当前演示文稿中某个位置的超链接。在"链接到"之下，单击"本文档中的位置"。如果链接到自定义放映，在列表中选择希望看到的自定义放映。单击"显示并返回"复选框。如果链接到当前演示文稿的某个位置，在列表中选择希望看到的幻灯片。

（2）创建指向其他演示文稿中特定幻灯片的超链接。在"链接到"之下，单击"原有文件或网页"。定位并选择含有要链接到的幻灯片的演示文稿，单击"书签"按钮，然后选择所需幻灯片的标题。

（3）创建电子邮件的超链接。在"链接到"之下，单击"电子邮件地址"，在"电子邮件地址"框中键入所需的电子邮件地址，或者在"最近用过的电子邮件地址"框中选取所需的电子邮件地址。在主题框中，键入电子邮件消息的主题。

（4）创建指向文件或网页的超链接。在"链接到"之下，单击"原有文件或网页"，选定所需的网页或文件。

（5）创建指向新文件的超链接。在"链接到"之下，单击"新建文档"，键入新文件的名称。若要更改新文档的路径单击"更改"。可选择"以后再编辑新文档"或"开始编辑新文档"单选按钮。

💡 **说明：**

若要删除超链接，但不删除代表该超链接的文本或对象，则用鼠标右键单击代表超链接的文本或对象，在快捷菜单单击"删除超链接"命令；若要删除超链接和代表该超链接的文本或对象，选定对象或所有文本，再按 Delete 键。

2. 动作按钮链接

（1）在单张幻灯片中插入动作按钮

在"插入"选项卡的"插图"组中，单击"形状"下拉按钮，在下拉列表中选择"动作按钮"组中一个合适的按钮，不同形状的"动作按钮"有不同的动作含义。在幻灯片中按住鼠标拖动将选中的"动作按钮"图标插入到幻灯片中。在自动打开的"动作设置"对话框中，通过"单击鼠标"或"鼠标移过"选项卡，对鼠标"单击鼠标时的动作"或"鼠标移过时的动作"进行设置，如图 3 - 24 所示。

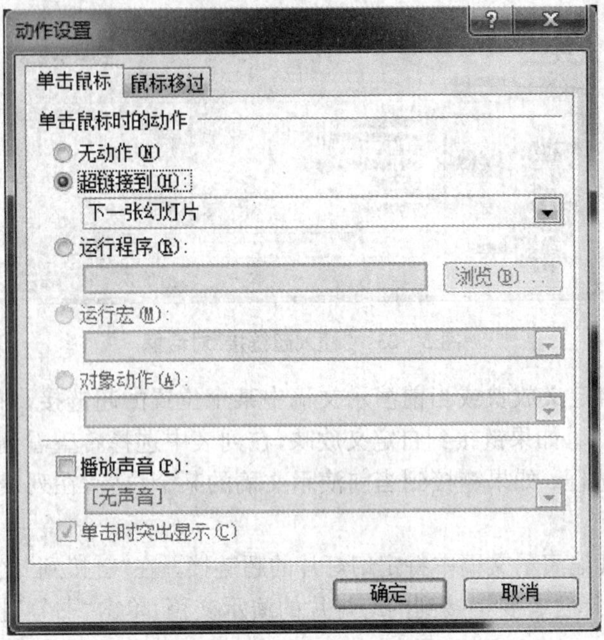

图 3-24　"动作设置"对话框

在"动作设置"对话框，可以设置"超链接到"、"运行程序"、"运行宏"和"对象动作"四个选项。还可以对"播放声音"进行设置，并可以选择对象是否"单击时突出显示"。如果为对象设置了"单击鼠标"的动作为"超链接到"，则当鼠标单击此对象时，会自动打开超链接的内容。

（2）在每张幻灯片中插入动作按钮

如果正在使用单个幻灯片母版，可以在母版上插入动作按钮，该按钮在整个演示文稿中可用。如果使用多个幻灯片母版，则必须在每个母版上添加动作按钮。添加动作按钮的方法同单张幻灯片中插入动作按钮。

💡 说明：

若选中"运行程序"单选按钮，则表示放映时单击对象，会自动运行所选的应用程序，用户可在文本框中输入所要运行的应用程序及其路径，也可以单击"浏览"按钮选择所要运行的应用程序。

"鼠标移过"选项卡是表示放映时当鼠标指针移过对象时发生的动作，其动作设置的内容与"单击鼠标"选项卡完全一样。

3.2.7　幻灯片的动画效果

1. 幻灯片的切换

幻灯片的切换是指在播放演示文稿时，一张幻灯片的移入和移出的方式，也称为片间动画。在设置幻灯片的切换方式时，最好是在"幻灯片浏览"视图下进行。PowerPoint 2010共提供了 34 种内置幻灯片切换动画。

选中需要设置切换效果的幻灯片，在"切换"选项卡的"切换到此幻灯片"组中，单击样式框的"其他"按钮 ，打开幻灯片切换样式列表，如图 3-25 所示。

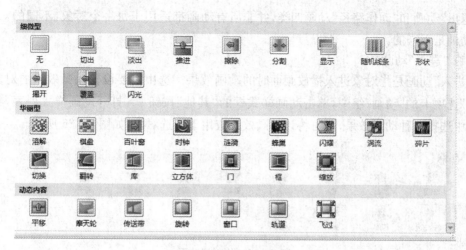

图 3 - 25　幻灯片切换样式

在切换样式库中单击需要的切换样式，即可为当前幻灯片设置相应的切换动画。如果要对所有幻灯片应用此切换动画，可在"切换"选项卡下的"计时"组中，单击"全部应用"按钮。在设置幻灯片切换动画后，在"切换"选项卡下的"切换到此幻灯片"组中，单击"效果选项"按钮，进一步设置切换效果。例如幻灯片切换动画选择"分割"，则效果选项为"中央向左右展开"、"上下向中央收缩"、"中央向上下展开"、"左右向中央收缩"。在"切换"选项卡的"预览"组中，单击"预览"按钮预览已设置的幻灯片切换动画。

（1）声音效果

在"切换"选项卡下的"计时"组中，单击"声音"下拉按钮，打开声音效果列表，选择一种声音即可为幻灯片切换添加声音效果。也可以在声音效果列表中选择"其他声音"命令，打开"添加音频"对话框，选择合适的声音文件作为幻灯片切换的声音效果。

（2）切换速度

选中需要调整幻灯片切换动画播放速度的幻灯片，在"切换"选项卡下的"计时"组中的"持续时间"右侧的框中调整或输入合适的时间。

（3）换片方式

默认情况下，播放演示文稿时通过单击鼠标或按 Enter 键换片。除了"单击鼠标时"换片，还可以在"切换"选项卡下的"计时"组中，选中"换片方式"区域中的"设置自动换片时间"选项，调整或输入适当的时间，使幻灯片以指定的时间自动进行切换。

（4）删除切换动画

选中需要删除幻灯片切换动画的幻灯片，在"切换"选项卡下的"切换到此幻灯片"组中的切换样式框中选择"无"选项，可删除所选幻灯片的切换动画。如果要删除演示文稿中所有幻灯片的切换动画，在"切换"选项卡的"计时"组中，单击"全部应用"按钮。如果为幻灯片切换添加了声音效果，在"切换"选项卡的"计时"组中，单击"声音"下拉按钮，在声音效果列表中选择"无声音"选项，可以清除切换时的声音效果。

2. 动画设置

通过动画设置，可以使幻灯片上的文本、图形、图示、图表和其他对象具有动画效果，这样就可以突出重点、控制信息流，并增加演示文稿的趣味性。动画有"进入"动画、"强调"动画、"退出"动画和"动作路径"动画四类,并非所有动画都适用于每一个对象,不同的对象可用的动画是不同的。

(1)"进入"动画

"进入"动画是指对象进入播放画面时的动画效果。选中需要设置动画效果的对象,在"动画"选项卡的"动画"组中,单击动画样式框的"其他"按钮 ⯆ ,打开动画样式列表,在"进入"类中选择一种动画效果,即可将该动画效果应用于所选对象,如图 3-26 所示。

图 3-26　"进入"动画

在动画样式列表中选择"更多进入效果"命令,打开"更改进入效果"对话框,可以在"基本型"、"细微型"、"温和型"和"华丽型"中选择需要的动画效果。设置了动画效果的对象旁边会出现数字编号,表示该动画出现的顺序,如图 3-27 所示。

图 3-27　"更改进入效果"对话框

(2)"强调"动画

"强调"动画是在演示文稿播放过程中为幻灯片中的对象进行加强显示,起强调作用。选中需要设置动画效果的对象,在动画样式列表的"强调"类中选择一种动画效果,即可将该动画效果应用于所选对象,如图 3-28 所示。选择动画样式列表中的"更多强调效果"命令,打开"更改强调效果"对话框,可以选择更多的"强调"动画效果。

图 3－28 "强调"动画

(3) 设置"退出"动画

"退出"动画是指幻灯片中显示的对象离开播放画面时的动画效果。选中需要设置动画效果的对象,在动画样式列表的"退出"类中选择一种动画效果,即可将该动画效果应用于所选对象,如图 3－29 所示。选择动画样式下拉列表中的"更多退出效果"命令,打开"更改退出效果"对话框,可以选择更多的"退出"动画效果。

图 3－29 "退出"动画

(4) "动作路径"动画

"动作路径"动画是指播放画面中的对象按指定路径移动的动画效果。选中需要设置动画效果的对象,在动画样式列表的"动作路径"类中选择一种动画效果,即可将该动画效果应用于所选对象,如图 3－30 所示。

图 3－30 "动作路径"动画

选择动画样式列表中的"其他动作路径"选项,打开"更改动作路径"对话框,可以选择更多的"动作路径"动画效果。如果需要特殊的动作路径,在动画样式列表的"动作路径"类中选择"自定义路径"选项,然后按住鼠标左键绘制路径,到路径终点双击完成绘制。

选中动作路径,右击并在弹出的快捷菜单中选择"编辑顶点"命令,可以对路径进行编辑调整;选择"关闭路径"命令,会在路径起点、终点之间增加一条直线路径,动画播放时对象从起点沿动作路径移动到终点,再沿增加的直线返回起点。在"动画"选项卡下的"动画"组中单击"效果"下拉按钮,在下拉列表中选择"反转路径方向"命令,动画播放时对象快速跳到路径终点,再沿动作路径从终点移动到起点。选择"锁定"或"解除锁定"可以锁定或解锁自定义路径,如图 3－31 所示。

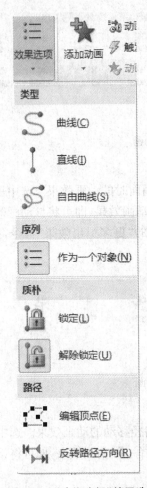

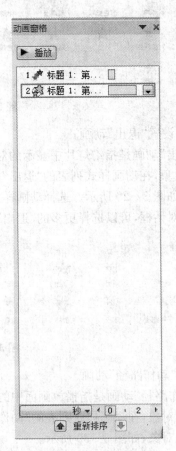

图 3-31 "动作路径"效果选项   图 3-32 自定义动画示例

（5）设置多个动画

如果需要为某个对象同时设置多个动画效果,选中需要设置多种动画效果的对象,在"动画"选项卡下的"高级动画"组中,单击"添加动画"下拉按钮,打开动画样式列表,选择合适的动画,即可为所选对象添加多个动画。

为同一个对象设置了多个动画效果后,该对象左侧会出现多个数字编号,表示多个动画播放的顺序。在"动画"选项卡下的"高级动画"组中,单击"动画窗格"按钮,打开动画窗格,可以在窗格中按住鼠标左键拖动或单击窗格底部"重新排序"的 、⬇ 按钮调整动画播放顺序,单击"播放"按钮预览动画效果。

创建的自定义动画示例如图 3-32 所示。在"自定义动画"列表中显示了设置动画的对象和其出现的次序。单击窗格底部"重新排序"的 ⬆、⬇ 按钮调整动画播放顺序,单击"播放"按钮预览动画效果。

（6）设置动画效果选项

动画效果选项是指动画的方向和形式。选择设置动画的对象,在"动画"选项卡下的"动画"组中,单击"效果选项"按钮 效果选项,出现各种效果选项列表。例如"飞入"动画的效果选项为"自底部"、"自顶部"、"自左侧"、"自右侧"等,从中选择合适的效果选项。

(7)设置动画开始方式、持续时间和延迟时间

动画开始方式是指开始播放动画的方式,动画持续时间是指动画开始后整个播放时间,动画延迟时间是指播放操作开始后延迟播放的时间。

选择设置动画的对象,在"动画"选项卡下的"计时"组中,单击"开始"下拉按钮,在下拉列表中选择动画开始方式。动画开始方式有"单击时"、"与上一动画同时"和"上一动画之后"三种。"单击时"是指单击鼠标时开始播放动画,"与上一动画同时"是指播放前一动画的同时播放该动画,可以在同一时间组合多个效果;"上一动画之后"是指前一动画播放之后开始播放该动画。

在"持续时间"栏调整动画持续时间,"延迟"栏调整动画延迟时间。

(8)动画效果选项卡

在"自定义动画"列表中双击一个动画项目,打开相应的动画选项卡,下图3-33是"飞入"动画选项卡。

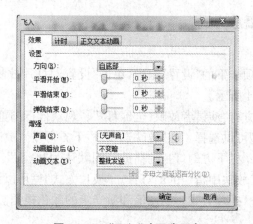

图3-33 "飞入"动画选项卡

在"效果"选项卡下,可以设置伴随动画出现的声音效果。动画播放后可以设置"不变暗"、"播放动画后隐藏"、"下次单击后隐藏"等。动画文本可以设置"整批发送"、"按字/词"、"按字母"。若要在字母、字或段落动画之间产生延迟,在"动画文本"下方的微调框中设置"字/词之间延迟百分比"。

在"计时"选项卡下,可以设置动画开始方式、延迟时间(例如,如果设置"单击时延迟"5秒钟,则动画效果将在单击幻灯片5秒钟后开始播放)。期间右侧的列表框可以设置持续时间,例如:快速(1秒)、中速(2秒)、慢速(3秒)等。"重复"选项可以设置为"直到下一次单击"或"直到幻灯片末尾"等。"触发器"是在幻灯片放映中,仅在单击一个或多个指定对象时播放的动画效果。

在"正文文本动画"选项卡下,在"正文文本动画"选项卡的"组合文本"下拉列表中,单击一个选项,如"按第一级段落"、"所有段落同时"等,则按段落级别或项目符号显示动画。

(9)复制动画效果

PowerPoint 2010新增了"动画刷"功能,可以快速地将一个对象上已设置的动画复制到另一个对象上。选中已设置动画效果的对象,在"动画"选项卡下的"高级动画"组中,

单击"动画刷"按钮,再单击需要设置同样动画的对象,即可实现快速复制。如果源对象设置了多个动画效果,则"动画刷"将多个动画效果同时复制到目标对象上。双击"动画刷"按钮,可以将动画效果复制到多个对象上,复制完成后,再次单击"动画刷"或按 Esc 键即可退出"动画刷"功能。

(10) 删除动画效果

删除对象动画效果的方法有以下三种:

① 选中需要删除动画效果的对象,在"动画"选项卡下的"动画"组中,单击动画样式框的"无"按钮,即可删除为对象设置的所有动画效果。

② 在"动画"选项卡下的"高级动画"组中,单击"动画窗格"按钮,打开动画窗格任务窗口,右击需要删除的动画项,在弹出的快捷菜单中选择"删除"命令,即可删除该动画效果。

③ 在动画窗格中选中需要删除的动画项,按 Delete 键,可删除相应的动画效果;按住 Shift 键或 Ctrl 键同时选中多个连续或不连续动画项,按 Delete 键,可同时删除多个动画效果。

3.2.8　演示文稿的播放方式

1. 设置放映方式

在"幻灯片放映"选项卡下的"设置"组中,单击"设置幻灯片放映"按钮,打开"设置放映方式"对话框,如图 3-34 所示。

在"放映类型"栏下方有"演讲者放映(全屏幕)"、"观众自行浏览(窗口)"和"在展台浏览(全屏幕)"三种放映类型可供选择。在"放映选项"栏下方可设置放映时是否循环,是否加旁白或动画。"放映幻灯片"栏下方幻灯片的播放范围默认为"全部",也可指定为连续的一组幻灯片,或者某个自定义放映中指定的幻灯片。"换片方式"栏可以设定为"手动"或者"如果存在排练时间,则使用它"换片方式。绘图笔和激光笔的颜色根据需要设置。

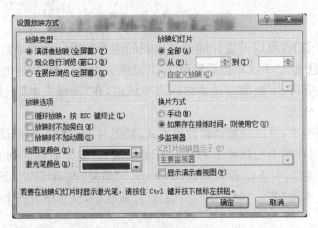

图 3-34　"设置放映方式"对话框

2. 自定义放映

通常一个演示文稿中包含了不同类型的内容,观看对象不同,所需放映的内容也会有所不同。"自定义放映"功能可以将要放映的幻灯片进行分组,在放映时选择不同的组来放映相应的幻灯片。

在"幻灯片放映"选项卡下的"开始放映幻灯片"组中,单击"自定义幻灯片放映"下拉按钮,在下拉列表中选择"自定义放映"命令,打开"自定义放映"对话框,如图 3 – 35 所示。在对话框中单击"新建"按钮,打开"定义自定义放映"对话框,如图 3 – 36 所示。

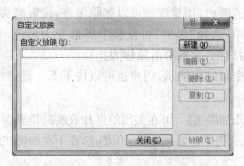

图 3 – 35　"自定义放映"对话框

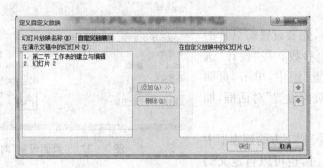

图 3 – 36　"定义自定义放映"对话框

在"幻灯片放映名称"框中键入名称,在"在演示文稿中的幻灯片"列表框中,选择需要放映的幻灯片,单击"添加"按钮,将其放入"在自定义放映中的幻灯片"列表框中。在"在自定义放映中的幻灯片"列表框中选择需要删除的幻灯片,单击"删除"按钮。若要改变幻灯片显示顺序,在"在自定义放映中的幻灯片"中选择幻灯片,然后使用箭头键将幻灯片在列表内上下移动。

3. 演示文稿的放映

根据不同的用途和需要,可以采用不同的方式启动演示文稿的放映。启动演示文稿放映的方法主要有以下几种。

(1) 打开演示文稿,在"幻灯片放映"选项卡下的"开始放映幻灯片"组中,单击"从头开始"按钮或按"F5"功能键,从第一张幻灯片开始全屏放映。

(2) 打开演示文稿,在"幻灯片放映"选项卡下的"开始放映幻灯片"组中,单击"从当前幻灯片开始"按钮或按 Shift＋F5 组合键,从当前幻灯片开始全屏放映。

(3) 打开演示文稿,单击状态栏右侧视图切换按钮中的"幻灯片放映"视图按钮 ，从当前幻灯片开始全屏放映。

在幻灯片放映视图中单击鼠标右键,可弹出控制放映过程的快捷菜单,演讲者利用这些命令可以轻松控制幻灯片的放映过程。

下一张:选择此命令可以切换到演示文稿的下一张幻灯片。

上一张:选择此命令可以切换到演示文稿的上一张幻灯片。

定位至幻灯片：这是一个子菜单，通过选择该子菜单中的命令可以切换到指定的幻灯片。

指针选项：这是一个子菜单，用来设置关于鼠标指针的选项。例如可以将鼠标指针更改为笔或荧光笔等、设置墨迹颜色，用橡皮擦可以删除墨迹，设置箭头选项。

屏幕：这是一个子菜单，选择"黑屏"可使整个屏幕变为黑色，直到单击鼠标为止；选择"白屏"可使整个屏幕变为白色，直到单击鼠标为止。

结束放映：选择该命令可结束演示，用户也可以按下 Esc 键退出幻灯片放映视图。

💡 说明：

在播放演示文稿期间添加墨迹后，可在关闭幻灯片放映时得到保留或放弃墨迹的提示。如果选择放弃墨迹，它就永久丢失了。如果选择保留墨迹，在下次编辑演示文稿时它仍然可用。

3.2.9　演示文稿的打印

1. 页面设置

打印幻灯片前，先要设置幻灯片的大小和方向等相关参数。在"设计"选项卡下的"页面设置"组中，单击"页面设置"按钮，弹出"页面设置"对话框，如图 3-37 所示。

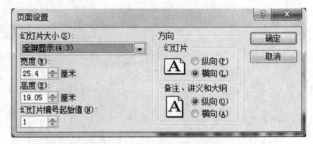

图 3-37　"页面设置"对话框

在"幻灯片大小"栏下方的列表框中可设置幻灯片的尺寸，也可以自定义幻灯片大小，在"宽度"和"高度"框中输入所需的尺寸。在"方向"栏下方可设置幻灯片和备注、讲义和大纲打印的方向。通过"幻灯片编号起始值"下方的微调框可设置幻灯片编号起始值。

2. 打印

单击"文件"选项卡下的"打印"命令，打开"打印"界面，如图 3-38 所示。

图 3-38　"打印"界面

可以对"打印机"、"打印范围"("打印全部幻灯片"、"打印所选幻灯片"、"打印当前幻灯片"、"自定义范围"等)、"打印版式"("整页幻灯片"、"备注页"、"大纲"、"讲义"等)、"颜色"("颜色"、"灰度"、"纯黑白")、纸张方向和打印份数等进行设置。讲义是指在一页纸上打印一张、两张、三张、四张、六张或九张幻灯片的缩略图,并可设置幻灯片在纸张上的布局,并且可以给幻灯片加框。

3.2.10 演示文稿的打包

要想将编辑好的演示文稿在其他计算机上进行放映,可使用 PowerPoint 的"将演示文稿打包成 CD"功能。利用"打包"功能可以将演示文稿中使用的所有文件(包括链接文件)和字体全部打包到磁盘或网络地址上。默认情况下会添加 Microsoft Office PowerPoint Viewer(这样即使其他计算机上没有安装 PowerPoint,也可以使用 PowerPoint Viewer 运行打包的演示文稿)。打开要打包的演示文稿,单击"文件"选项卡下的"保存并发送"命令,在"保存并发送"界面中,双击"将演示文稿打包成 CD"命令,打开"打包成 CD"对话框,弹出"打包成 CD"对话框,如图 3-39 所示。

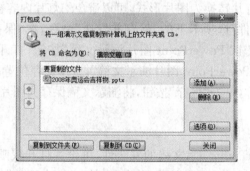

图 3-39 "打包成 CD"对话框

如果需要将多个演示文稿打包在一起,通过单击"添加"按钮来进行添加,单击"删除"按钮,可以将添加到打包列表中的无用文档删除,通过单击 ⬆、⬇ 按钮调整多个演示文稿的播放顺序,单击"选项"按钮,打开"选项"对话框,设置是否嵌入 TrueType 字体,以及是否添加打开和修改文件的密码。单击"复制到文件夹"按钮,则打开"复制到文件夹"对话框,为文件夹取一个名称,并设置好保存路径,然后按下"确定"按钮,系统将上述演示文稿复制到指定的文件夹中,同时复制播放器及相关的播放配置文件到该文件夹中。也可单击"复制到 CD"按钮,将所有的文件全部刻录到光盘的根目录下,制作出具有自动播放功能的光盘。

3.2.11 发布演示文稿

1. PowerPoint 放映演示文稿

单击"文件"选项卡下的"保存并发送"命令,在"保存并发送"界面中,选择"更改文件类型"命令,双击"PowerPoint 放映(＊.ppsx)"按钮,打开"另存为"对话框,其中"保存类型"自动选择为"PowerPoint 放映",在"文件名"文本框中输入名称,单击"保存"按钮,可将演示文稿保存为 PowerPoint 放映格式。

2. 视频格式

PowerPoint 2010 提供了将演示文稿创建成视频的新功能,使没有安装 PowerPoint 应用程序的电脑可以使用系统内置的 Windows Media Player 正常播放视频格式的演示文稿。单击"文件"选项卡下的"保存并发送"命令,在"保存并发送"界面中,单击"创建视频"命令,设置创建的视频质量,选择是否包含旁白和激光笔,确定每张幻灯片的放映时间。单击"创建视频"按钮,打开"另存为"对话框,输入视频名称并选择保存位置。单击"保存"按钮,将演示文稿创建为视频文件。

3. PDF 格式

PowerPoint 2010 中可以直接将演示文稿转换为 PDF 格式,单击"文件"选项卡下的"保存并发送"命令,在"保存并发送"界面中,单击"创建 PDF/XPS"命令,单击"创建 PDF/XPS"按钮,打开"发布为 PDF 或 XPS"对话框,单击"选项"按钮,打开"选项"对话框详细设置发布选项,选择保存位置并在"文件名"文本框中输入名称,单击"发布"按钮,将演示文稿转换为PDF 格式。

4. 图片格式

将演示文稿中的幻灯片转换为图片形式,可以避免幻灯片内容被随意修改,起到保护演示文稿的作用。单击"文件"选项卡下的"保存并发送"命令,在"保存并发送"界面中,选择"更改文件类型"命令,双击"PowerPoint 图片演示文稿"按钮,打开"另存为"对话框,其中"保存类型"自动选择为"PowerPoint 图片演示文稿",选择保存位置并在"文件名"文本框中输入图片演示文稿的名称,单击"保存"按钮,将演示文稿保存为图片格式。

3.2.12　操作技巧

(1) 为了增强 PowerPoint 演示文稿的安全性,可设置打开权限密码和修改权限密码。打开要设置密码的 PowerPoint 演示文稿,单击"文件"选项卡下的"另存为"命令,打开"另存为"对话框;单击"工具"按钮下的"常规选项"命令,打开"常规选项"对话框。如果要设置文档打开的密码,在"打开文件时的密码"文本框中输入打开文档的密码;如果要设置文档修改的密码,在"修改文件时的密码"文本框中输入修改文档的密码;单击"确定"按钮,在弹出的"确认密码"对话框中再次输入密码;单击"确定"按钮,返回"另存为"对话框,单击"保存"按钮,完成密码设置。注意,密码字符的长度最大为 15 位。

(2) 编辑时自动保存文件,打开 PowerPoint 演示文稿,单击"文件"选项卡下的"另存为"命令,打开"另存为"对话框;单击"工具"按钮下的"保存选项"命令,打开"PowerPoint 选项"对话框"保存"选项卡,在"保存"选项卡中输入要自动保存文件的时间间隔。

(3) 单击"文件"选项卡下的"另存为"命令,可以将 PowerPoint 演示文稿保存为"大纲/rtf(*.rtf)"。

(4) 新建演示文稿的常用方式有"空白演示文稿"、"主题"和"样本模板"三种。

(5) PowerPoint 可以打开和保存多种不同的文件类型,如:演示文稿、Web 页、演示文稿模板、演示文稿放映、大纲格式、图形格式等。

演示文稿文件(*.pptx):用户编辑和制作的演示文稿需要将其保存起来,所有在演示文稿窗口中完成的文件都保存为演示文稿文件(*.pptx),这是系统默认的保存类型。

Web 页格式(*.html):Web 页格式是为了在网络上播放演示文稿而设置的,这种文件的保存类型与网页保存的类型格式相同,这样就可以脱离 PowerPoint 系统,在网络浏览器上直接浏览演示文稿。

演示文稿模板文件(∗.potx):PowerPoint 提供多种经过专家细心设计的演示文稿模板,包括颜色、背景、主题、大纲结构等内容,供用户使用。此外,用户也可以把自己制作的比较独特的演示文稿保存为设计模板,以便将来制作相同风格的其他演示文稿。

大纲/RTF 文件(∗.rtf):将幻灯片大纲中的主体文字内容转换为 RTF 格式(Rich Text Format),保存为大纲类型,以便在其他的文字编辑应用程序中(如 Word)打开并编辑演示文稿。

Window 图元文档(∗.wmf):将幻灯片保存为图片文件 WMF(Windows Meta File)格式,日后可以在其他能处理图形的应用程序(如画笔等)中打开并编辑其内容。

演示文稿放映(∗.ppsx):将演示文稿保存成固定以幻灯片放映方式打开的 PPSX 文件格式(PowerPoint 播放文档),保存为这种格式可以脱离 PowerPoint 播放演示文稿,PPSX 文件依然可以用 PowerPoint 编辑修改。如果要将演示文稿在没有安装 PowerPoint 的电脑中播放,则必须进行打包操作。

其他类型文件:例如,可交换图形格式(∗.gif)、文件可交换格式(∗.jpeg)、可移植网络图形格式(∗.png)等,这些文件类型是为了增加 PowerPoint 系统对图形格式的兼容性而设置的。

(6) 在 PowerPoint 中,给出了"普通视图"、"幻灯片浏览视图"、"备注页视图"和"阅读视图"四种视图模式。在不同的视图中,可以使用相应的方式查看和操作演示文稿。

普通视图:在普通视图下又分为"大纲"和"幻灯片"两种视图模式。幻灯片模式是调整、修饰幻灯片的最好显示模式。大纲模式可以快速重组演示文稿,包括重新排列幻灯片次序,以及调整幻灯片标题和层次小标题的从属关系等。

幻灯片浏览视图:在这种视图方式下,可以从整体上浏览所有幻灯片的效果,并可进行幻灯片的复制、移动、删除等操作。但在此种视图中不能直接编辑和修改幻灯片的内容,如果要修改幻灯片的内容,则可双击某个幻灯片,切换到幻灯片编辑窗口后进行编辑。

备注页视图:备注页视图是系统提供用来编辑备注页的,备注页分为两个部分,上半部分是幻灯片的缩小图像,下半部分是文本预留区。可以一边观看幻灯片的缩小图像,一边在文本预留区内输入幻灯片的备注内容。

阅读视图:如果用户不想使用全屏的幻灯片放映视图,但又希望在一个设有简单控件、方便审阅的窗口中查看演示文稿,则可以使用阅读视图。在阅读视图下,只保留幻灯片窗格、标题栏和状态栏,方便幻灯片制作完成后的简单放映浏览。阅读视图通常从当前幻灯片开始放映,单击可以切换到下一张幻灯片,放映完最后一张后退出阅读视图。放映过程中随时可以按 Esc 键退出阅读视图,也可以利用状态栏中视图切换按钮切换到其他视图。

PowerPoint 视图之间的切换可通过"视图"选项卡下的"演示文稿视图"组中的按钮进行切换,也可以通过单击窗口右下角视图切换按钮 田 品 即 早 进行。

(7) 在普通视图的"幻灯片"选项卡上,选取要隐藏的幻灯片,在"幻灯片放映"选项卡下的"设置"组中,单击"隐藏幻灯片"按钮,在隐藏的幻灯片旁边显示隐藏幻灯片图标,图标中的数字为幻灯片的编号。即使运行演示文稿时隐藏了幻灯片,它仍然保留在文件中,打印时隐藏幻灯片可以打印。

（8）常用快捷键如下：

F5 键：从演示文稿的第一张幻灯片开始播放。

Shift＋F5 键：从演示文稿的当前幻灯片开始播放。

B 键：放映时使屏幕变黑/还原。

W 键：放映时使屏幕变白/还原。

Esc 键：结束幻灯片放映。

查询常用快捷键可在演示文稿放映时单击右键，在弹出的快捷菜单中选择"帮助"命令，如图 3‑40 所示。

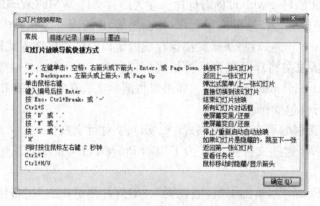

图 3‑40　"幻灯片放映帮助"快捷键

3.3　本章实训

实训六　演示文稿的制作

一、实验目的

通过本实验，掌握 PowerPoint 幻灯片制作的基本知识；掌握插入图片对象、插入日期时间和幻灯片编号的操作；掌握"应用设计模板和主题"的操作；掌握幻灯片放映以及设置放映方式的操作。

二、实验内容

根据提供素材，参考实验步骤制作幻灯片。

三、实验步骤

在 http://lrg.zgz.cn/sx/lny.htm 网站中下载实训 6 素材文件 EX6.rar。将 EX6.rar 压缩文件解压到 C 盘 EX6 文件夹中。右击 EX6 文件夹弹出的快捷菜单中选择属性，在弹出的 EX6"属性"对话框去掉此文件夹的只读属性。

1. 制作第一张标题幻灯片。标题输入文字"北京奥运会"，字体采用"华文彩云"，字号为"60"，颜色使用自定义颜色（红绿蓝三基色的颜色值分别是 255、0、100）；副标题输入文字"——奥运会吉祥物简介"，字体采用"华文琥珀"，字号为"44"，颜色使用自定义颜色（红绿蓝三基色的颜色值分别是 255、0、100），副标题文字右对齐。

操作步骤 1：单击"开始"/"所有程序"/"Microsoft Office"/"Microsoft PowerPoint 2010"命令，运行 PowerPoint 2010 程序。系统默认新建一个空白演示文稿文件"演示文稿1"，只包含有一张空白的标题幻灯片，工作界面窗口左侧显示大纲或幻灯片缩略图，中间为幻灯片的编辑区和备注的编辑区。

操作步骤 2：用鼠标单击"单击此处添加标题"，输入文字"北京奥运会"，单击"单击此处添加副标题"，输入文字"——奥运会吉祥物简介"。

操作步骤 3：选中标题文字，在"开始"选项卡下的"字体"组中，单击"字体"对话框启动器，在弹出的"字体"对话框中使用中文字体为"华文彩云"，字号为"60"，颜色使用自定义颜色（红绿蓝三基色的颜色值分别是 255、0、100），单击"确定"按钮。

操作步骤 4：选中副标题文字，在"开始"选项卡下的"字体"组中，单击"字体"对话框启动器，在弹出的"字体"对话框中使用中文字体为"华文琥珀"，字号为"44"，颜色使用自定义颜色（红绿蓝三基色的颜色值分别是 255、0、100），单击"确定"按钮。在"开始"选项卡下的"段落"组中，单击"右对齐"按钮 ≡ ，设置副标题文字右对齐。第一张标题幻灯片效果图如图 3-41 所示。

图 3-41　第一张标题幻灯片效果图

2. 制作第二张"两栏内容"版式幻灯片。标题输入文字"北京奥运会吉祥物"，字体采用"华文彩云"，字号为"60"，颜色使用标准色红色。左侧文本栏输入文字列表"贝贝、晶晶、欢欢"，右侧文本栏输入文字列表"迎迎、妮妮"。字体采用"宋体"，字号为"44"，字形为"加粗"，颜色为标准色"红色"。为两栏内容的文字列表应用 ➢ 项目符号。

操作步骤 1：在"开始"选项卡下的"幻灯片"组中，单击"新建幻灯片"下拉按钮，在下拉列表中选择"两栏内容"版式，新建一张"两栏内容"版式的幻灯片。

操作步骤 2：用鼠标单击"单击此处添加标题"，输入文字"北京奥运会吉祥物"，在"开始"选项卡下的"字体"组中，单击"字体"对话框启动器，在弹出的"字体"对话框中设置中文字体为"华文彩云"，字号为"60"，颜色为标准色"红色"，单击"确定"按钮。

操作步骤 3：在左侧文本栏输入文字列表"贝贝、晶晶、欢欢"，在右侧文本栏输入文字列表"迎迎、妮妮"。分别设置两栏文本的中文字体为"宋体",字号为"44",字形为"加粗",颜色为标准色"红色",单击"确定"按钮。

操作步骤4:选中左侧文字列表的所有文字,在"开始"选项卡下的"段落"组中,单击"项目符号"下拉按钮,在下拉列表中选择"项目符号和编号"命令,弹出"项目符号和编号"对话框,选择第二行第三列的项目符号,单击"确定"按钮。选中右侧文字列表的所有文字同上设置项目符号和编号。第二张幻灯片效果图如图3-42所示。

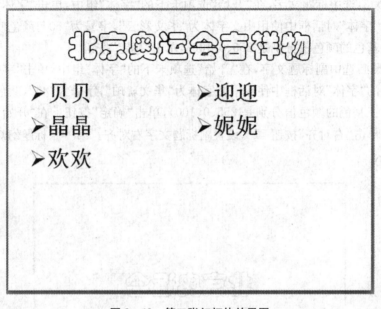

图 3-42   第二张幻灯片效果图

3. 制作第三张到第七张幻灯片,分别介绍"贝贝、晶晶、欢欢、迎迎、妮妮"。版式采用自定义"标题、文本、图片"版式,标题字体采用"华文彩云",字号为"60",颜色为标准色"红色",居中对齐。左侧文本字体采用"宋体",字号为"24",字形为"加粗",颜色为标准色"蓝色",右侧图片框插入相应的图片。

操作步骤1:在"视图"选项卡下的"母版视图"组中,单击"幻灯片母版"按钮,在功能区添加"幻灯片母版"选项卡。在"幻灯片母版"选项卡下的"编辑母版"组中,单击"插入版式"按钮,添加一张"自定义版式"幻灯片。在"母版版式"组中,单击"插入占位符"下拉按钮,在下拉列表中选择"文本"占位符在幻灯片左侧画出"文本"占位符;在下拉列表中选择"图片"占位符在幻灯片右侧画出"图片"占位符。右击"文本"占位符,在弹出的快捷菜单中选择"大小和位置"命令,弹出"设置形状格式"对话框,在"大小"选项卡中设置高度为13厘米、宽度为10厘米,去掉"锁定纵横比"复选框的选中状态,单击"关闭"按钮。同样设置"图片"占位符的高度为13厘米、宽度为10厘米,注意去掉"锁定纵横比"复选框的选中状态。按住Shift键,单击选中"文本"和"图片"占位符,在"绘图工具"的"格式"选项卡下,单击"排列"组中的"对齐"按钮,在下拉列表中选择"顶端对齐"命令,将"文本"和"图片"占位符顶端对齐。在"编辑母版"组中单击"重命名"按钮,弹出"重命名版式"对话框,将版式重命名为"标题、文本、图片"版式,如图3－43所示。在"关闭"组中单击"关闭母版视图"按钮。

图 3－43　"标题、文本、图片"版式

操作步骤 2:在"开始"选项卡下的"幻灯片"组中,单击"新建幻灯片"下拉按钮,在下拉列表中选择"标题、文本、图片"版式,新建一张"标题、文本、图片"版式的幻灯片。单击标题占位符,输入"贝贝"。选中标题文字,在"开始"选项卡下的"字体"组中,单击"字体"对话框启动器,在弹出的"字体"对话框中,中文字体使用"华文彩云",字号为"60",颜色为标准色"红色",单击"确定"按钮。在"开始"选项卡下的"段落"组中,单击"居中"按钮 ,设置标题文字居中。

操作步骤 3:按住 Backspace 键,将左侧文本框内的项目符号 删除。打开 EX6 文件夹中的 Word 文档"北京 2008 年第 29 届奥运会吉祥物. docx",将福娃贝贝一段文字复制到左侧文本占位符内,注意粘贴选择粘贴选项"只保留文本"。

操作步骤 4:选中左侧文本占位符内的文字,在"开始"选项卡下的"字体"组中,单击"字体"对话框启动器,在弹出的"字体"对话框中设置中文字体为"宋体",字号为"24",字形为"加粗",颜色为"蓝色"(红绿蓝三基色的颜色值分别是 0、0、255),单击"确定"按钮。

操作步骤 5:单击"插入来自文件的图片"图标 ,弹出"插入图片"对话框,选择 C 盘EX6 文件夹中"BBA. jpg",单击"插入"按钮,将图片插入图片占位符。第三张幻灯片效果图如图 3-44 所示。

图3-44 第三张幻灯片效果图

操作步骤6:参照上述操作步骤制作第四至第七张幻灯片,如图3-45所示。

图3-45 第四张幻灯片至第七张幻灯片效果图

4. 为所有幻灯片应用"龙腾四海"主题。

操作步骤:在"设计"选项卡下的"主题"组中,单击"其他"下拉按钮 ▾,打开"主题"样式库,选择"龙腾四海"主题。

5. 为所有幻灯片添加自动更新的日期和幻灯片编号,页脚输入"北京2008"。

操作步骤:在"插入"选项卡下的"文本"组中,单击"页眉和页脚"按钮,弹出"页眉和页脚"对话框,选中"日期和时间"、"幻灯片编号"和"页脚"复选框,自动更新下面的列表框中输入"2015年5月25日",在"页脚"复选框下面的文本框中输入"北京2008",去掉"标题幻灯片中不显示"复选框的选中状态,单击"全部应用"按钮,其操作的效果图如图3-46所示。

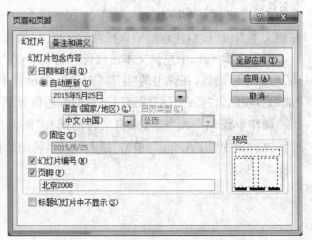

图3-46 "页眉和页脚"操作效果图

6. 设置幻灯片切换方式并设置幻灯片放映方式。全部幻灯片的切换方式为摩天轮、效果选项为自左侧、应用"风铃"声音效果、幻灯片的切换时间为1秒。放映方式采用"演讲者放映（全屏幕）"、放映选项选择"循环放映，按 ESC 键终止"。

操作步骤1：在"切换"选项卡下的"切换到此幻灯片"组中，单击"其他" 下拉按钮，打开"幻灯片切换"样式库，选择"摩天轮"切换方式。单击"效果选项"下拉按钮，在下拉列表中选择"自左侧"。在"计时"组中，单击"声音"右侧的下拉列表，选择"风铃"效果，幻灯片的切换时间为01：00秒，单击"全部应用"按钮。

操作步骤2：在"幻灯片放映"选项卡下的"设置"组中，单击"设置幻灯片放映"按钮，弹出"设置放映方式"对话框，在"放映类型"栏下方选择"演讲者放映（全屏幕）"，在"放映选项"栏下方选择"循环放映，按 ESC 键终止"，单击"确定"按钮。

操作步骤3：制作完成后，按 F5 键放映幻灯片，观看放映效果，退出按 ESC 键。

操作步骤4：单击"快速访问工具栏"上的"保存"按钮，弹出"另存为"对话框，设置"保存位置"为 C 盘 EX6 文件夹，"文件名"为"2008 年奥运会吉祥物"，"保存类型"为"PowerPoint 演示文稿（ * . pptx）"，单击"保存"按钮。

四、思考与实践

1. 应用和全部应用的区别：单击应用按钮，所有更改的操作针对当前正在操作的一张幻灯片；单击全部应用按钮，所有更改的操作针对本演示文稿的所有幻灯片。

2. 如果要给多张幻灯片设置相同的字体、添加同一幅图片，可以使用"幻灯片母版"进行设置。

3. 在"幻灯片浏览"视图方式下可方便地进行幻灯片的复制和移动等操作。

4. 制作如下图 3－47 所示的 6S 管理幻灯片。

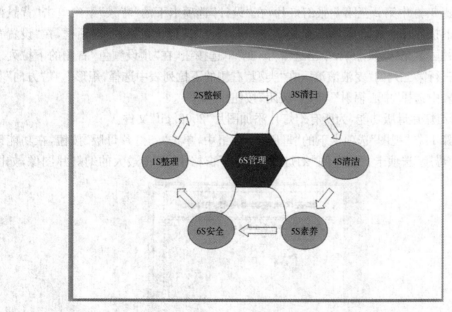

图 3－47 6S 管理幻灯片

实训七　演示文稿的个性化

一、实验目的

通过本实验掌握幻灯片背景、母板的操作；掌握幻灯片配色方案的操作；掌握影片、声音等多媒体对象的插入；掌握自定义动画的设置方法；掌握超链接的设置方法；掌握动作按钮的设置方法等。

二、实验内容

根据提供素材，参考实验步骤制作个性化的幻灯片

三、实验步骤

在 http://lrg.zgz.cn/sx/lny.htm 网站中下载实训 7 素材文件 EX7.rar。将 EX7.rar压缩文件解压到 C 盘 EX7 文件夹中。右击 EX7 文件夹弹出的快捷菜单中选择属性，在弹出的 EX7"属性"对话框去掉此文件夹的只读属性。

1. 设置首页幻灯片的背景。为第一张幻灯片应用"粉色面巾纸"纹理，为其他幻灯片设置"麦浪滚滚"渐变填充，类型为矩形，方向为中心辐射。

操作步骤 1：单击"开始"/"所有程序"/"Microsoft Office"/"Microsoft PowerPoint 2010"命令，运行 PowerPoint 2010 程序。在"文件"选项卡下单击"打开"命令，在弹出的"打开"对话框中选择 C 盘 EX7 文件夹，选择"2008 年奥运会吉祥物.pptx"文件，单击"打开"按钮。

操作步骤 2：选中第一张幻灯片，在"设计"选项卡下的"背景"组中单击"背景样式"按钮，在下拉列表中选择"设置背景格式"命令，打开"设置背景格式"对话框，在"设置背景格式"对话框"填充"选项卡中，单击选中"图片或纹理填充"单选按钮，单击"纹理"右侧的下拉按钮，在"纹理"下拉列表中选择第四行第三列的"粉色面巾纸"，单击"关闭"按钮。

操作步骤 3：选中第 2 至第 7 张幻灯片，在"设计"选项卡下的"背景"组中单击"背景样式"按钮，在下拉列表中选择"设置背景格式"命令，打开"设置背景格式"对话框，在"设置背景格式"对话框"填充"选项卡中，单击选中"渐变"单选按钮，在"预设颜色"右侧的下拉列表框中选择第三行第三列的"麦浪滚滚"，在"类型"右侧的下拉列表中选择"矩形"，在"方向"右侧的下拉列表中选择"中心辐射"，单击"关闭"按钮。

2. 应用幻灯片母版功能，为所有幻灯片添加图片"2008.gif"文件。

操作步骤 1：在"视图"选项卡下的"母版视图"组中，单击"幻灯片母版"按钮，在功能区添加"幻灯片母版"选项卡。在左侧"幻灯片缩略图"窗格中，单击最大的幻灯片图像，如图 3-48所示。

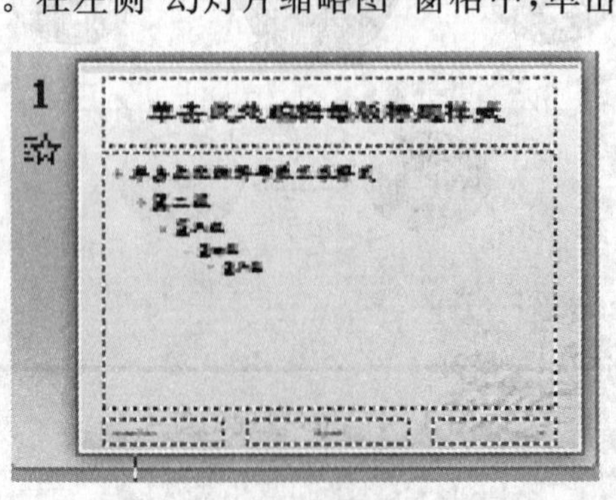

图 3-48　"幻灯片缩略图"窗格

　　操作步骤 2：在右侧的"幻灯片"窗格中，在"插入"选项卡下的"图像"组中，单击"图片"按钮，弹出"插入图片"对话框，查找范围选择 C 盘 EX7 文件夹，选择"2008. gif"文件，单击"插入"按钮。右击插入的图片，在弹出的快捷菜单中选择"设置图片格式"命令，弹出"设置图片格式"对话框，单击"大小"选项卡，将图片的缩放比例设置为高、宽各为 30％，单击"位置"选项卡，设置图片在幻灯片中的位置为水平距离左上角为 22 厘米，垂直距离左上角为 1 厘米，单击"关闭"按钮。

　　操作步骤 3：幻灯片母版图片设置完成后，在"幻灯片母版"选项卡下的"关闭"组中，单击"关闭母版视图"按钮，回到当前的幻灯片编辑视图，在幻灯片母版中插入的图片，出现在所有的幻灯片（标题幻灯片除外）上。

　　3. 新建主题颜色，将超链接的颜色设置为自定义颜色（红绿蓝三基色的颜色值分别是255、0、100），将主题颜色保存为"我的颜色"，并将"我的颜色"应用于第二张幻灯片。

　　操作步骤 1：在"设计"选项卡下的"主题"组中，单击"颜色"下拉按钮，在下拉列表中选择"新建主题颜色"命令，弹出"新建主题颜色"对话框。

　　操作步骤 2：在"超链接"右侧的下拉列表框中选择"其他颜色"命令，弹出"颜色"对话框，单击"自定义"选项卡，自定义颜色（红绿蓝三基色的颜色值分别是 255、0、100），单击"确定"按钮，如图 3－49 所示。

图 3－49　"颜色"对话框

　　在"新建主题颜色"对话框中，将名称修改为"我的颜色"，单击"保存"按钮。

　　操作步骤 3：选中第二张幻灯片，在"设计"选项卡下的"主题"组中，单击"颜色"下拉按钮，在下拉列表中指向"我的颜色"，右击并在弹出的快捷菜单中选择"应用于所选幻灯片"命令，为第二张幻灯片应用"我的颜色"主题。

　　4. 为第三张幻灯片自定义动画，标题选用动画"自左侧飞入"，动画持续时间为慢速（3秒），设置与上一动画同时开始；左侧文本选用动画"玩具风车"，动画持续时间为非常快（0.5秒），声音效果为打字机，动画文本按字母发送，设置上一动画之后延迟 1 秒开始；右侧的图片先选用动画"自底部飞入"，动画持续时间为慢速（3 秒），设置上一动画之后延迟 1 秒开始，再选用自定义动作路径动画"花生"，应用"反转路径方向"，动画持续时间为非常慢（5

秒),设置上一动画之后延迟 1 秒开始。

操作步骤 1:选中第三张幻灯片,用鼠标单击幻灯片的标题"贝贝",在"动画"选项卡下的"动画"组中,单击"其他"按钮,弹出动画样式库,选择"进入"项的"飞入"命令,单击"效果选项"下拉按钮,在下拉列表中选择"自左侧"命令,在"动画"选项卡下的"计时"组中,设置与上一动画同时开始,动画持续时间设置为 3 秒。

操作步骤 2:用鼠标单击幻灯片的左侧文本,在"动画"选项卡下的"动画"组中,单击"其他"按钮,弹出动画样式库,选择"更多进入效果"命令,弹出"更多进入效果"对话框,在"华丽型"栏下方选择"玩具风车",单击"确定"按钮。在"动画"选项卡下的"计时"组中,设置上一动画之后开始,动画持续时间设置为0.5秒。

操作步骤 3:用鼠标双击列表中"2 福娃贝贝传",弹出"玩具风车"对话框,如图 3-50 所示,单击"效果"选项卡,在"声音"右边的下拉列表中选择"打字机",在"动画文本"右边的下拉列表中选择"按字母",单击"计时"选项卡,"延迟"设置为 1 秒,单击"确定"按钮。

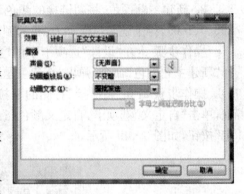

图 3-50 "玩具风车"对话框

操作步骤 4:用鼠标单击幻灯片右侧的图片,在"动画"选项卡下的"动画"组中,单击"其他"按钮,弹出动画样式库,选择"进入"项的"飞入"命令,单击"效果选项"下拉按钮,在下拉列表中选择"自底部"命令,在"动画"选项卡下的"计时"组中,设置上一动画之后开始,动画持续时间设置为 3 秒。用鼠标双击列表中"图片占位符 6",弹出"飞入"对话框,在"计时"选项卡中,"延迟"设置为 1 秒。

操作步骤 5:用鼠标单击幻灯片右侧的图片,在"动画"选项卡下的"高级动画"组中,单击"添加动画"下拉按钮,弹出动画样式库,选择"其他动作路径"命令,弹出"更改动作路径"对话框,在"特殊"栏下方选择"花生",单击"确定"按钮。单击"效果选项"下拉按钮,在下拉列表中选择"反转路径方向"命令。在"动画"选项卡下的"计时"组中,设置上一动画之后开始,动画持续时间设置为05.00秒。用鼠标双击列表中第四项"图片占位符 6",弹出"花生"对话框,在"计时"选项卡中,"延迟"设置为 1 秒。自定义动画的操作效果图如图 3-51 所示。

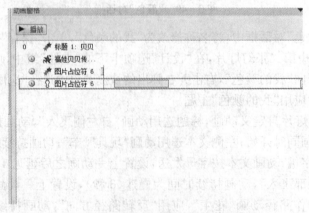

图 3-51 自定义动画的操作效果图

　　5. 为幻灯片建立超链接。为第二张幻灯片中的"贝贝、晶晶、欢欢、迎迎、妮妮"建立超链接,链接到相应标题的幻灯片。

　　操作步骤1:选中第二张幻灯片,选中文字"贝贝",在"插入"选项卡下的"链接"组中,单击"超链接"按钮,弹出"插入超链接"对话框。

　　操作步骤2:在"链接到:"栏下方选择"本文档中的位置",然后在"请选择文档中的位置"下方选择"3.贝贝",单击"确定"按钮,如图 3-52 所示。

图 3-52　"插入超链接"对话框

　　操作步骤3:同上操作为其余四个吉祥物建立超链接链接到相应标题的幻灯片。

　　6. 制作第八张结束幻灯片。标题输入文字"谢谢观看!",设置中文字体为"华文行楷",字号为"60",颜色为标准色"红色",居中对齐。插入音乐"我和你.mp3",设置与上一动画同时播放。在第八张幻灯片中制作结束动作按钮,为第三张到第七张幻灯片制作"自定义动作按钮",链接到第二张幻灯片。

　　操作步骤1:选中第七张幻灯片,在"开始"选项卡下的"幻灯片"组中,单击"新建幻灯片"下拉按钮,在下拉列表中选择"仅标题"版式,在第七张幻灯片的下面插入一张新幻灯片,幻灯片版式为"仅标题"。

　　操作步骤2:单击"单击此处添加文本",输入文字"谢谢观看!"。选中文字"谢谢观看!",在"开始"选项卡下的"字体"组中,单击"字体"对话框启动器,在弹出的"字体"对话框中设置中文字体为"华文行楷",字号为"60",颜色为标准色"红色",单击"确定"按钮。设置文字居中对齐。

　　操作步骤3:在"插入"选项卡下的"媒体"组中,单击"音频"下拉按钮,在下拉列表中选择"文件中的音频"命令,弹出"插入音频"对话框,查找范围选择 C 盘 EX7 文件夹,选择"我和你.mp3",单击"插入"按钮。双击动画窗格下面的"我和你.mp3",弹出"播放音频"对话框,单击"计时"选项卡,开始选择"与上一动画同时"。

　　操作步骤4:在"插入"选项卡下的"插图"组中,单击"形状"下拉按钮,在下拉列表中选择"动作按钮"栏下方"结束"图标,按住鼠标在幻灯片窗格上画出动作按钮,同时弹出"动作设置"对话框,在"超链接到"下方的下拉列表中选择"结束放映",单击"确定"按钮。同上操作为第三张到第七张幻灯片制作"自定义动作按钮",链接到第二张幻灯片。

　　7. 以原文件名保存,并将制作好的演示文稿发布成为 PDF 文件。

　　操作步骤1:单击"快速访问工具栏"上的保存按钮,以原文件名保存。

操作步骤 2：单击"文件"选项卡下的"保存并发送"命令，在"保存并发送"界面中，单击"创建 PDF/XPS"命令，单击"创建 PDF/XPS"按钮，打开"发布为 PDF 或 XPS"对话框，单击"选项"按钮，打开"选项"对话框设置幻灯片加框，单击"确定"按钮，设置"保存位置"为 C 盘 EX7 文件夹，在"文件名"文本框中输入名称"2008 年奥运会吉祥物.pdf"，单击"发布"按钮，将演示文稿转换为 PDF 格式。

四、思考与实践

1. 在幻灯片母版视图中通过编辑母版标题和文本样式，可以统一整篇演示文稿中基于此幻灯片母版的字体样式。

2. 超链接的目的地也可以是网址、电子邮件地址，或者是另一演示文稿的某张幻灯片（通过书签操作实现）。

3. 制作循环播放动画示例：在幻灯片底部贝贝、晶晶、欢欢、迎迎、妮妮图片依次从右侧缓慢进入，直到妮妮图片离开幻灯片左侧，接着贝贝、晶晶、欢欢、迎迎、妮妮图片依次从右侧缓慢进入，形成网页中经常使用的跑马灯效果。

操作步骤 1：依次插入贝贝、晶晶、欢欢、迎迎、妮妮图片，调整五幅图片的大小为原图的30％，按住 Shift 键选中五幅图片，在"图片工具"的"格式"选项卡下，在"排列"组中单击"对齐"下拉按钮，选择"顶端对齐"和"横向分布"命令，设置五幅图片高度距离左上角相等，五幅图片的的水平间距相等。单击"组合"，在级联菜单中选择"组合"命令，将五幅图片组合为一幅图片。将图片放置在幻灯片的左下角，如图 3 - 53 所示。

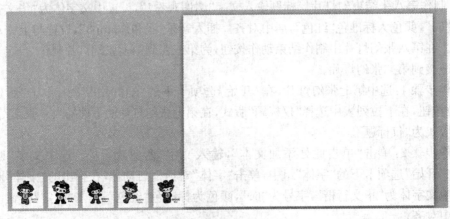

图 3 - 53　图片的位置

操作步骤 2：用鼠标单击幻灯片的左下角组合图片，在"动画"选项卡下的"动画"组中，单击"飞入"命令，单击"效果选项"下拉按钮，在下拉列表中选择"自右侧"。

操作步骤 3：用鼠标双击动画窗格中的"组合对象"，弹出"飞入"对话框，单击"计时"选项卡，在"开始"右边的下拉列表中选择"与上一动画同时"，"延迟"设置为 1 秒，动画持续时间（期间）为"非常慢（5 秒）"，"重复"右边的下拉列表框中选择"直到幻灯片末尾"，单击"确定"按钮。

同样方法可以设置文字的跑马灯效果。

第四章 Office 2010 综合实验

本章安排了四个综合实验,供学生练习,为参加计算机等级考试打下坚实的基础。在做每个综合实验时,必须将相关的素材文件拷贝到 C:盘。例如在练习综合实验一时,在 http://lrg. zgz. cn/sx/lny. htm 网站中下载综合实验一素材文件 exam1. zip。将 exam1. zip 压缩文件解压到 C 盘 exam1 文件夹中(右击 exam1. zip 压缩文件,在弹出的快捷菜单中选择"解压到当前文件夹"命令),右击 exam1 文件夹弹出的快捷菜单中选择属性,在弹出的 exam1 属性对话框去掉此文件夹的只读属性。

综合实验一

一、实验目的

通过本次实验综合掌握计算机等级考试所必须的 Word 编辑文稿、Excel 表格制作、PPT 演示文稿制作的技能。

二、实验内容

第一部分　Word 2010 编辑文稿

根据提供素材,参考范文样图和实验步骤对 Word 2010 文档综合排版,如图 4-1 所示。

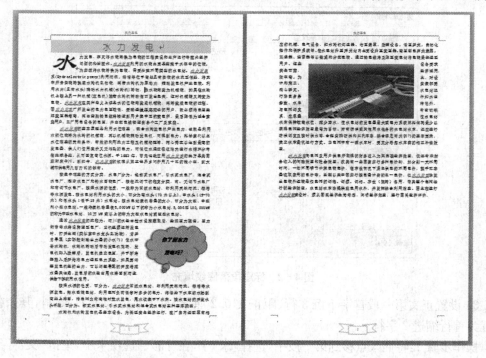

图 4-1　Word 2010 范文

三、实验步骤

1. 调入 C 盘 exam1 文件夹中的 ED1. DOCX 文件。将页面设置为：A4 纸，上、下页边距为 2.3 厘米，左、右页边距为 3 厘米，装订线居上方 0.1 厘米，每页 42 行，每行 36 个字符。

操作步骤：打开 C 盘 exam1 文件夹中的 ED1. DOCX 文件，在"页面布局"选项卡上，单击"页面设置"对话框启动器，弹出"页面设置"对话框。在"纸张"选项卡中，"纸张大小"下拉列表框中选择纸型为 A4；在"页边距"选项卡中设置上下页边距为 2.3 厘米，左右页边距为 3 厘米；"装订线位置"右侧的下拉列表框中选择"上"，"装订线"右侧的微调框中设置值为 0.1 厘米。在"文档网格"选项卡中，"网格"栏下选择"指定行和字符网格"，并设置每页 42 行，每行 36 个字符。

2. 给文章加标题"水力发电"，设置其格式为幼圆、二号字、标准色-蓝色，字符间距加宽 6 磅，居中显示，标题段落底纹填充橄榄色、强调文字颜色 3、淡色 60%。

操作步骤 1：将插入点移至文章起始位置，输入标题"水力发电"并按下＜Enter＞键。选择所输标题，在"开始"选项卡上，单击"字体"对话框启动器，弹出"字体"对话框，在"字体"选项卡中设置其字体为"幼圆"、字号为"二号"、字体颜色为"标准色-蓝色"，在"高级"选项卡中"间距"右侧的下拉列表框中选择"加宽"，"磅值"右侧的微调框中设置值为 6 磅。在"开始"选项卡中的"段落"组中，单击"居中"按钮 ，将标题居中显示。

操作步骤 2：选择标题，在"开始"选项卡中，单击"段落"组中的"下框线"右侧的按钮 ，在弹出的下拉列表框中选择"边框和底纹"命令，弹出"边框和底纹"对话框，单击"底纹"选项卡，设置标题段填充"橄榄色、强调文字颜色 3、淡色 60%"底纹，注意"应用于"下拉列表框中选择"段落"，如图 4-2 所示。

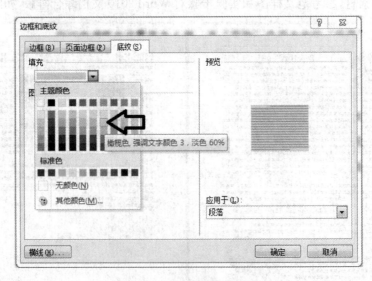

图 4-2　标题段落底纹填充

3. 设置正文第一段首字下沉 3 行、距正文 0.2 厘米，首字字体为隶书、倾斜，其余各段设置为首行缩进 2 字符。

操作步骤 1：将插入点移到第一段中，选择"水"字，在"插入"选项卡中，单击"文本"组中的"首字下沉"按钮，在下拉列表框中单击"首字下沉选项"命令，打开"首字下沉"对话框，在

"位置"栏下方选择"下沉","字体"栏下方设置字体为隶书,"下沉行数"右侧设置首字下沉 3 行,"距正文"右侧的微调框中设置值为 0.2 厘米。在"开始"选项卡中,单击"字体"组中的"倾斜"按钮 *I*,将首字倾斜。

操作步骤 2:选择第二段至最后一段,在"开始"选项卡上,单击"段落"对话框启动器,弹出"段落"对话框,单击"缩进和间距"选项卡,在"特殊格式"下拉列表框中选择"首行缩进",其右侧的"磅值"下方微调框中设置值为 2 字符。

4. 将正文中所有的"水力发电"设置为标准色-绿色、倾斜、双波浪线。

操作步骤:将光标置于标题段下方正文第 2 个字符处,在"开始"选项卡中的"编辑"组中,单击"替换"按钮,弹出"查找和替换"对话框,在"替换"选项卡中,"查找内容"下拉列表框中输入"水力发电","替换为"下拉列表框中输入"水力发电";单击"更多"按钮,选择"替换为"下拉列表框中的"水力发电",再单击"格式"按钮中"字体"命令,弹出"字体"对话框,设置字体颜色为"标准色-绿色"、字形为"倾斜",下划线线型为"双波浪线" ，在"搜索"右边的下拉列表框中选择"向下",单击"全部替换"按钮,在随后弹出的对话框中选择"否"按钮,跳过标题段文字的替换。

5. 参考 Word 2010 范文样图,在正文适当位置插入"云形标注",添加文字"你了解水力发电吗?",设置其字体格式为:华文琥珀、四号字、标准色—深蓝、倾斜,设置形状填充色为标准色—浅绿,形状效果为向左偏移阴影,环绕方式为四周型。

操作步骤 1:在"插入"选项卡中的"插图"组中单击"形状"按钮,在"形状"下拉列表框中"标注"栏下方选择"云形标注" ，在适当位置拖动鼠标生成云形标注的自选图形,在其中输入文字"你了解水力发电吗?",在"开始"选项卡上,单击"字体"对话框启动器,弹出"字体"对话框,在"字体"选项卡中设置其字体为"华文琥珀"、字号为"四号"、字体颜色为"标准色-深蓝",字形为"倾斜"。

操作步骤 2:单击选中云形标注,打开"绘图工具"下的"格式"选项卡,在"形状样式"组中单击"形状填充"按钮,下拉列表框中单击"标准色"栏下方的"浅绿"设置形状填充色;在"形状样式"组中单击"形状效果"按钮,下拉列表框中单击阴影中的"向左偏移",如图 4 - 3

图 4 - 3 云形标注形状效果—向左偏移阴影

所示;在"排列"组中单击"自动换行"按钮,在弹出的下拉列表框中选择"四周型环绕"。参考范文适当调整自选图形位置。

6. 参考 Word 2010 范文样图,在正文适当位置插入图片"水电.jpg",设置图片高度为 5厘米、宽度为 10 厘米,环绕方式为紧密型。

操作步骤:在"插入"选项卡中的"插图"组中单击"图片"按钮,弹出"插入图片"对话框,在 C:盘 EXAM1 文件夹中,选择图片"水电.jpg"插入。在文档中右击此图片,在弹出的快捷菜单中单击"大小和位置"命令,弹出"布局"对话框,在"大小"选项卡中,取消"锁定纵横比"复选框和"相对原始图片大小"复选框的选中状态,设置图片宽度为 10 厘米,高度为 5 厘米;在"文字环绕"选项卡中设置其环绕方式为"紧密型"。参考范文适当调整图片位置。

7. 设置文档页眉为"水力发电",并在所有页的页面底端插入页码,页码样式为"带状物"。

操作步骤:在"插入"选项卡中的"页眉和页脚"组中,单击"页眉"按钮,在下拉列表框中选择"编辑页眉"命令,进入页眉和页脚编辑状态,页眉输入"水力发电",在"导航"组中单击"转至页脚"按钮,在"页眉和页脚"组中单击"页码"按钮,下拉列表框中单击"页面底端"中的"带状物",如图 4-4 所示。设置完成后,单击"关闭页眉和页脚"按钮,回到文档编辑视图。

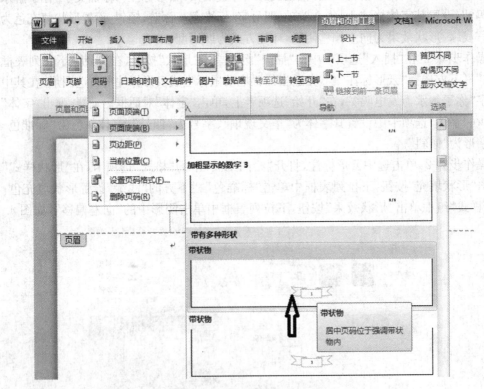

图 4-4　页码样式设置—带状物

8. 保存文件 ED1. DOCX,存放于 C:盘 EXAM1 文件夹中。

操作步骤:在"快速访问工具栏"上单击保存按钮█,完成文件保存。

注意:带状物样式有两种:1.带状物(居中页码位于强调带状物内);2.带状物(位于强调带状物内的居中数字)。本题应选第一种样式。

第二部分　Excel 2010 表格制作

根据提供素材,参考范文样图和实验步骤对 Excel 2010 电子表格进行操作,如图 4-5 所示。

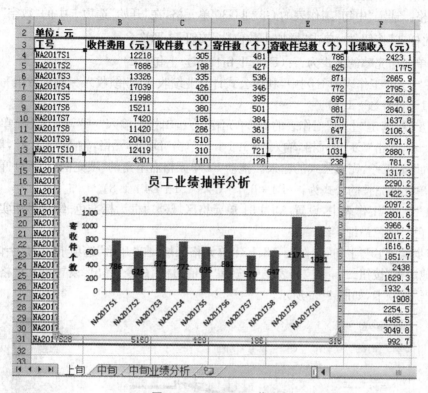

图 4-5　Excel 2010 范文

四、实验步骤

1. 调入 C 盘 exam1 文件夹中的 EX1. XLSX 文件。将"中旬备份"工作表重命名为"中旬业绩分析"。

操作步骤:打开 C 盘 exam1 文件夹中的 ED1. XLSX 文件,双击工作表标签"中旬备份",输入"中旬业绩分析",按"Enter"键。

2. 在"中旬业绩分析"工作表中,按"寄收件总数"进行降序排序。

操作步骤:选定"中旬业绩分析"工作表 A2:E30 单元格区域,在"数据"选项卡中的"排序和筛选"组中,单击"排序"按钮,在弹出的"排序"对话框中,主要关键字选择"寄收件总数",次序选择"降序",单击"确定"按钮。(注意:选定"数据包含标题"复选框。)

3. 在"中旬"工作表中,将第 1 行行高设为 18。

操作步骤:选定"中旬"工作表第一行(单击行号 1 选定第一行),在"开始"选项卡中的"单元格"组中单击"格式"按钮,在下拉列表框中选择"行高"命令,打开"行高"对话框,在行高右侧的文本框中输入"18",单击"确定"按钮。

4. 在"中旬"工作表的 G 列中,引用"上旬"工作表中的数据,利用公式计算业绩增长率(业绩增长率=(中旬寄收件总数-上旬寄收件总数)/上旬寄收件总数),结果以带 2 位小数的百分比格式显示。

操作步骤：选定"中旬"工作表的 G3 单元格，在编辑栏上输入"=("，单击"E3"单元格，输入"—"号，单击"上旬"工作表的 E4 单元格，输入")/"，再次单击"上旬"工作表的 E4 单元格，单击编辑栏的"输入"按钮 ✓ ，完成公式的输入。拖动 G3 单元格右下角的"填充柄"至 G30 单元格。选定"中旬"工作表的 G3 到 G30 单元格，在"开始"选项卡中的"数字"组中，单击"百分比样式"按钮 % ，单击"增加小数位数"按钮 ⁺⁰⁰ 两次。

（G3 单元格完整的公式为：=(E3—上旬！E4)/上旬！E4)

5. 在"上旬"工作表的 F 列中，利用公式计算业绩收入（业绩收入＝收件费用＊0.1＋收件数＊1.1＋寄件数＊1.8)。

操作步骤：选定"上旬"工作表的 F4 单元格，在编辑栏上输入"="，单击"B4"单元格，输入"＊0.1＋"，单击"C4"单元格，输入"＊1.1＋"，单击"D4"单元格，输入"＊1.8"，单击编辑栏的"输入"按钮 ✓ ，完成公式的输入。拖动 F4 单元格右下角的"填充柄"至 F31 单元格。

（F4 单元格完整的公式为：=B4＊0.1＋C4＊1.1＋D4＊1.8)

6. 在"上旬"工作表中，设置 A3：F31 单元格区域外边框为标准色-绿色最粗实线，内边框为标准色—绿色最细实线。

操作步骤：选定"上旬"工作表 A3：F31 单元格区域，在"开始"选项卡中的"字体"组中，单击"其他边框"按钮 ⊞ ▾ ，下拉列表框中选择"其他边框"命令，弹出"设置单元格格式"对话框的"边框"选项卡，如图 4-6 所示。

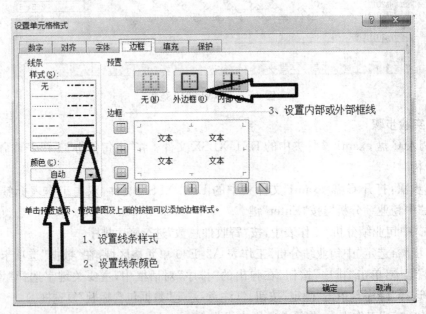

图 4-6 "设置单元格格式"对话框"边框"选项卡

在"线条"栏下方样式选取"最粗实线"、颜色选择"标准色-绿色"，在"预置"栏下方单击"外边框"按钮。在"线条"栏下方选取"最细实线"、颜色选择"标准色-绿色"，在"预置"栏下方单击"内部"按钮，单击"确定"按钮。

7. 参考样图，在"上旬"工作表中，根据工号前 10 员工的寄收件总数，生成一张"簇状柱形图",嵌入当前工作表中,图表上方标题为"员工业绩抽样分析"、16 号字,主要纵坐标轴竖排标题为"寄收件个数",无图例,显示数据标签、并居中放置在数据点上。

操作步骤 1:选定"上旬"工作表中 A4 至 A13 单元格,按住 Ctrl 键,选定"上旬"工作表中 E4 至 E13 单元格,在"插入"选项卡中的"图表"组中,单击"柱形图"按钮,下拉列表框中选择"二维柱形图"中的"簇状柱形图"。

操作步骤 2:在"图表工具"中的"布局"选项卡中,单击"标签"组中的"图表标题"按钮,下拉列表框中选择"图表上方"命令,双击图表区顶部的"图表标题"区域,输入标题"员工业绩抽样分析"。在"开始"选项卡中的"字体"组中,字号下拉列表框中设置字号为 16 号 16 ▾ 。

操作步骤 3:在"图表工具"中的"布局"选项卡中,单击"标签"组中的"坐标轴标题"按钮,在下拉列表框中选择"主要纵坐标轴标题"下的"竖排标题"命令,在"竖排标题"区域,输入主要纵坐标轴竖排标题"寄收件个数"。

操作步骤 4:在"图表工具"中的"布局"选项卡中,单击"标签"组中的"图例"按钮,在下拉列表框中选择"无"命令。在"图表工具"中的"布局"选项卡中,单击"标签"组中的"数据标签"按钮,在下拉列表框中选择"居中"命令(显示数据标签、并居中放置在数据点上)。

8. 保存文件 EX1. XLSX,存放于 C:盘 EXAM1 文件夹中。

操作步骤:在"快速访问工具栏"上单击保存按钮 📄,完成文件保存。

第三部分 PowerPoint 2010 演示文稿制作

根据提供素材,参考范文样图和实验步骤对 PowerPoint 2010 演示文稿进行操作,如图 4-7 所示。

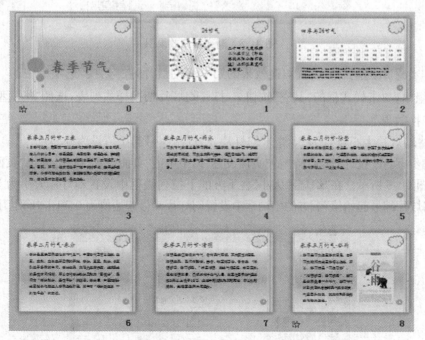

图 4 - 7 PowerPoint 2010 范文

五、实验步骤

1. 调入 C 盘 exam1 文件夹中的 PT1. PPTX 文件。设置所有幻灯片背景为渐变填充预设颜色"麦浪滚滚",并设置第一张幻灯片切换效果为蜂巢。

操作步骤 1:打开 C 盘 exam1 文件夹中的 PT1. PPTX 文件,在"设计"选项卡中的"背景"组中单击"背景样式"按钮,在下拉列表框中选择"设置背景格式"命令,打开"设置背景格式"对话框,在"设置背景格式"对话框"填充"选项卡中,单击选中"填充"单选按钮,在"预设颜色"右侧的下拉列表框中选择第三行第三列的"麦浪滚滚",单击"全部填充应用"按钮,单击"关闭"按钮。如图 4-8 所示。

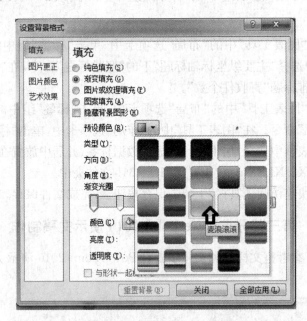

图 4-8　渐变填充效果图

操作步骤 2:选定需要设置切换效果的第一张幻灯片,在"切换"选项卡中的"切换到此幻灯片"组中,单击样式框的"其它"按钮▾,打开幻灯片切换样式列表,选择"华丽型"下方的"蜂巢"切换效果。

2. 将幻灯片大小设置为 35 毫米幻灯片,幻灯片编号起始值设为 0。

操作步骤:在"设计"选项卡中的"页面设置"组中单击"页面设置"按钮,弹出"页面设置"对话框,如图 4-9 所示。在"幻灯片大小"栏下方的下拉列表框中设置幻灯片大小为 35 毫米幻灯片,"幻灯片编号起始值"下方的微调框中设置幻灯片编号起始值为 0,单击"确定"按钮。

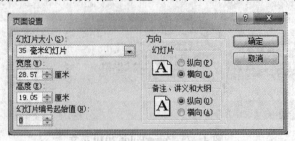

图 4-9　"页面设置"对话框

3. 除标题幻灯片外，在其它幻灯片中插入幻灯片编号。

操作步骤：在"插入"选项卡中的"文本"组中，单击"页眉和页脚"按钮，弹出"页眉和页脚"对话框，选中"幻灯片编号"复选框，选定"标题幻灯片中不显示"复选框，单击"全部应用"按钮。

4. 在最后一张幻灯片中插入图片"谷雨. jpg"，设置图片高度、宽度缩放比例均为120％，图片进入的动画效果为：旋转、在上一动画之后开始、持续3秒。

操作步骤1：选定最后一张幻灯片，在"插入"选项卡中的"图像"组中，单击"图片"按钮，弹出"插入图片"对话框，在C:盘 EXAM1 文件夹中，选择图片"谷雨. jpg"插入。右击此图片，在弹出的快捷菜单中单击"大小和位置"命令，弹出"布局"对话框，在"大小"选项卡中，"缩放比例"栏下方的高度和宽度右侧的微调框中设置缩放比例均为120％，适当调整图片位置。

操作步骤2：选定图片，在"动画"选项卡中的"动画"组中，单击"其他"按钮 ，弹出动画样式库，选择"进入"项的"旋转"命令 ，在"动画"选项卡中的"计时"组中，"开始"右侧的下拉列表框中设置为"上一动画之后"，持续时间右侧的微调框中设置值为03.00 秒。

5. 参考样张，利用幻灯片母版，在所有幻灯片的右上角插入一个"云形"形状，形状填充标准色-黄色，单击该形状超链接，指向网址 http://www. weather. org。

操作步骤1：在"视图"选项卡中的"母版视图"组中，单击"幻灯片母版"按钮，在功能区添加"幻灯片母版"选项卡。在左侧"幻灯片缩略图"窗格中单击"标题和内容"版式。如图4－10 所示。在"插入"选项卡中的"插图"组中单击"形状"按钮，在"形状"下拉列表框中"标注"栏下方选择"云形标注" ，在适当位置拖动鼠标生成云形标注的自选图形，单击选中云形标注，打开"绘图工具"下的"格式"选项卡，在"形状样式"组中单击"形状填充"按钮，下拉列表框中单击"标准色"栏下方的"黄色"设置形状填充色。

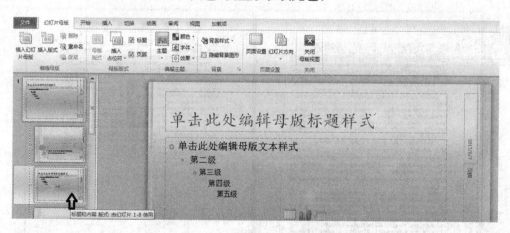

图4－10　"标题和内容"版式

操作步骤2：单击此"云形标注"形状，在"插入"选项卡中的"链接"组中，单击"超链接"按钮，弹出"插入超链接"对话框；在"地址"右侧的下拉列表框中输入"http://www. weather. org"，单击"确定"按钮。单击"关闭母版视图"按钮。

注意：本演示文稿涉及两种版式，操作步骤1和2针对的是"标题和内容"版式，还需要对"标题幻灯片"版式重复操作步骤1和2完成"标题幻灯片"版式的制作。如图4－11 所示。

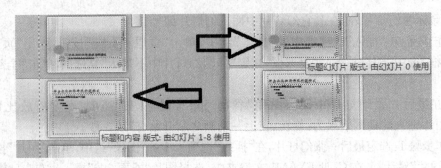

图 4 - 11 "标题幻灯片"与"标题和内容"版式

6. 保存文件 PT1. PPTX,存放于 C:盘 EXAM1 文件夹中。

操作步骤:在"快速访问工具栏"上单击保存按钮▢,完成文件保存。

综合实验二

一、实验目的

通过本次实验综合掌握计算机等级考试所必须的 Word 编辑文稿、Excel 表格制作、PPT 演示文稿制作的技能。

二、实验内容

第一部分 Word 2010 编辑文稿

根据提供素材,参考范文样图和实验步骤对 Word 2010 文档综合排版,如图 4 - 12 所示。

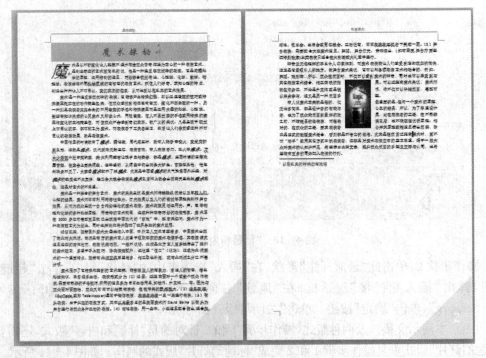

图 4 - 12 Word 2010 范文

三、实验步骤

1. 调入 C 盘 exam2 文件夹中的 ED2. DOCX 文件。将页面设置为：A4 纸，上、下页边距为 2.6 厘米，左、右页边距为 3.1 厘米，装订线居上方 0.1 厘米，每页 42 行，每行 38 个字符。

操作步骤：打开 C 盘 exam2 文件夹中的 ED2. DOCX 文件，在"页面布局"选项卡上，单击"页面设置"对话框启动器，弹出"页面设置"对话框。在"纸张"选项卡中，"纸张大小"下拉列表框中选择纸型为 A4；在页边距选项卡中设置上下页边距为 2.6 厘米，左右页边距为 3.1 厘米；"装订线位置"右侧的下拉列表框中选择"上"，"装订线"右侧的微调框中设置值为 0.1 厘米；在"文档网格"选项卡中，"网格"栏下选择"指定行和字符网格"，并设置每页 42 行，每行 38 个字符。

2. 给文章加标题"魔术探秘"，设置其格式为华文新魏、一号字、标准色-红色，居中显示，字符间距加宽 5 磅，标题段落底纹填充茶色、背景 2、深色 25％。

操作步骤 1：将插入点移至文章起始位置，输入标题"魔术探秘"并按下＜Enter＞键。选择所输标题，在"开始"选项卡上，单击"字体"对话框启动器，弹出"字体"对话框，在"字体"选项卡中设置字体为"华文新魏"、字号为"一号"、字体颜色为"标准色-红色"，在"高级"选项卡中"间距"右侧的下拉列表框中选择"加宽"，"磅值"右侧的微调框中设置值为 5 磅。在"开始"选项卡中的"段落"组中，单击"居中"按钮，将标题居中显示。

操作步骤 2：选择标题，在"开始"选项卡中，单击"段落"组中的"下框线"右侧的按钮，在弹出的下拉列表框中选择"边框和底纹"命令，弹出"边框和底纹"对话框，单击"底纹"选项卡，设置标题段填充"茶色、背景 2、深色 25％"底纹，注意"应用于"下拉列表框中选择"段落"，如图 4－13 所示。

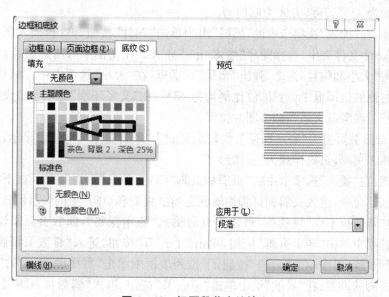

图 4－13　标题段落底纹填充

3. 设置正文第一段首字下沉 3 行、距正文 0.1 厘米，首字字体为幼圆、倾斜，其余各段设置为首行缩进 2 字符。

操作步骤 1：将插入点移到第一段中，选择"魔"字，在"插入"选项卡中，单击"文本"组中的"首字下沉"按钮,在下拉列表框中单击"首字下沉选项"命令,打开"首字下沉"对话框,在"位置"栏下方选择"下沉","字体"栏下方设置字体为幼圆,"下沉行数"右侧设置首字下沉3行,"距正文"右侧的微调框中设置值为0.1厘米。在"开始"选项卡中,单击"字体"组中的"倾斜"按钮 *I*,将首字倾斜。

操作步骤2:选择第二段至最后一段,在"开始"选项卡上,单击"段落"对话框启动器,弹出"段落"对话框,单击"缩进和间距"选项卡,在"特殊格式"下拉列表框中选择"首行缩进",其右侧的磅值下方微调框中设置值为2字符。

4. 在正文第二段第一行中的文字"魔术"后插入尾注,内容为"以假乱真的特殊幻想戏法"。

操作步骤:将光标定位在正文第二段第一行中的文字"魔术"后,在"引用"选项卡中的"脚注"组中,单击"插入尾注"按钮 插入尾注,在文档的结尾处输入"以假乱真的特殊幻想戏法"。

5. 将正文第三段中所有的"魔术"设置为标准色-深红、加粗、倾斜、加着重号。

操作步骤:在"开始"选项卡中的"编辑"组中,单击"替换"按钮,弹出"查找和替换"对话框,在"替换"选项卡中,"查找内容"下拉列表框中输入"魔术","替换为"下拉列表框中输入"魔术";单击"更多"按钮,选择"替换为"下拉列表框中的"魔术",再单击"格式"按钮中"字体"命令,弹出"字体"对话框,设置字体颜色为"标准色-深红"、字形为"加粗倾斜",着重号为".",单击"全部替换"按钮,单击"关闭"按钮。在"快速访问工具栏"上单击"撤消"按钮 ，撤消全文的替换操作。选中正文第三段,再次打开"查找和替换"对话框,单击"全部替换"按钮,在随后弹出的对话框中选择"否"按钮,完成正文第三段查找和替换操作。

6. 参考 Word 2010 范文样图,在正文适当位置插入图片"魔术.jpg",设置图片高度、宽度缩放比例均为45%,环绕方式为四周型。

操作步骤:在"插入"选项卡中的"插图"组中单击"图片"按钮,弹出"插入图片"对话框,在 C:盘 EXAM2 文件夹中,选择图片"魔术.jpg"插入。在文档中右击此图片,在弹出的快捷菜单中单击"大小和位置"命令,弹出"布局"对话框,在"大小"选项卡中,"缩放"栏下方的高度和宽度右侧的微调框中设置缩放比例均为45%;在"文字环绕"选项卡中设置其环绕方式为"四周型"。参考范文适当调整图片位置。

7. 设置奇数页页眉为"魔术探秘",偶数页页眉为"欣赏魔术",均居中显示,并在所有页的页面底端插入页码,页码样式为"三角形 2"。

操作步骤:在"插入"选项卡中的"页眉和页脚"组中,单击"页眉"按钮,在下拉列表框中选择"编辑页眉"命令,进入页眉和页脚编辑状态,在"页眉和页脚"中的"设计"选项卡中,"选项"组中选中"奇偶页不同"复选框,奇数页页眉输入"魔术探秘",偶数页页眉输入"欣赏魔术",在"导航"组中单击"转至页脚"按钮,单击"上一节"按钮,进入"奇数页页脚"的编辑状态,在"页眉和页脚"组中单击"页码"按钮,下拉列表框中单击"页面底端"中的"三角形 2",完成奇数页页脚的设置;在"导航"组中单击"下一节"按钮,进入"偶数页页脚"的编辑状态,在"页眉和页脚"组中单击"页码"按钮,下拉列表框中单击"页面底端"中的"三角形 2",完成偶数页页脚的设置。设置完成后,单击"关闭页眉和页脚"按钮,回到文档编辑视图。

8. 保存文件 ED2.DOCX,存放于 C:盘 EXAM2 文件夹中。

操作步骤:在"快速访问工具栏"上单击保存按钮 ，完成文件保存。

第二部分　Excel 2010 表格制作

根据提供素材,参考范文样图和实验步骤对 Excel 2010 电子表格进行操作,如图 4 - 14 所示。

图 4 - 14　Excel 2010 范文

四、实验步骤

1. 调入 C 盘 exam2 文件夹中的 EX2. XLSX 文件。在"九月"工作表中,设置第一行标题文字"星湖景区游客人数统计"在 A1:E1 单元格区域合并后居中,字体格式为隶书、18 号字、标准色-蓝色、双下划线。

操作步骤 1:打开 C 盘 exam2 文件夹中的 EX2. XLSX,选定"九月"工作表 A1:E1 单元格区域,在"开始"选项卡中的"对齐方式"组中,单击"合并后居中"按钮 合并后居中 。

操作步骤 2:选中第一行标题文字,在"开始"选项卡中的"字体"组中,设置字体为隶书、字号为 18 号、字体颜色为"标准色-蓝色",单击"下划线" **U** 右侧的下拉箭头,设置"下划线"为"双下划线"。

2. 在"九月"工作表中,利用填充序列,将 A4:A33 单元格的数据设置为形如"2015 年 9 月 1 日,2015 年 9 月 2 日……"。

操作步骤:选定"九月"工作表 A4 单元格,输入"2015 - 9 - 1",按"Enter"键。拖动 A4 单元格右下角的"填充柄"至 A33 单元格。

3. 在"九月"工作表中,删除 D 列"团购人数"。

操作步骤:选定"九月"工作表 D 列(单击列标 D),在"开始"选项卡中的"单元格"组中单击"删除"按钮,在下拉列表框中选择"删除工作表列"命令,删除 D 列。

4. 在"九月"工作表中,利用条件格式,将"游客总人数"大于 10000 的单元格设置为浅红色填充。

操作步骤:选定"九月"工作表 D4:D33 单元格区域,在"开始"选项卡中的"样式"组中,单击"条件格式"按钮,在打开的下拉列表框中单击"突出显示单元格规则",级联下拉菜单中选择"大于"命令,如图 4-15 所示,"为大于以下值的单元格设置格式"下面的文本框中设置值为 10000,在"设置为"右侧的下拉列表框中选择"浅红色填充"命令,单击"确定"按钮。

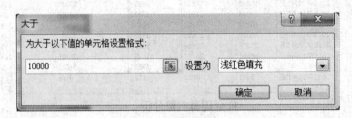

图 4-15　"条件格式"设置

5. 在"十月"工作表的 D35 单元格中,利用函数计算游客总人数最大值。

操作步骤:选定"十月"工作表 D35 单元格,在"公式"选项卡中的"函数库"组中单击"插入函数"按钮 fx ,弹出"插入函数"对话框,在"选择函数"栏下方选择"MAX"函数,单击"确定"按钮,弹出"函数参数"对话框,如图 4-16 所示。单击 Number1 框右侧的地址引用按钮,折叠"函数参数"对话框,此时可以进行地址引用。单击 D4 单元格拖动到 D34 单元格,单击被缩小的"函数参数"对话框右侧的地址引用按钮,展开"函数参数"对话框,单击"确定"按钮,计算出游客总人数最大值。

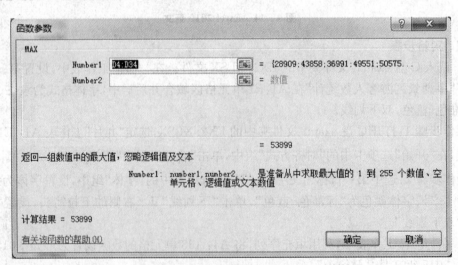

图 4-16　"MAX"函数设置

6. 在"十月"工作表的 F4:F34 单元格中,利用公式计算网络购票占比(网络购票占比=(游客总人数-非网络购票人数)/游客总人数),结果以不带小数的百分比格式显示。

操作步骤:选定"十月"工作表的 F4 单元格,在编辑栏上输入"=(",单击"D4"单元格,

输入"－"号,单击 E4 单元格,输入")/",再次单击 D4 单元格,单击编辑栏的"输入"按钮
✔,完成公式的输入。拖动 F4 单元格右下角的"填充柄"至 F34 单元格。选定"十月"工作表的 F4 到 F34 单元格,在"开始"选项卡中的"数字"组中,单击"百分比样式"按钮 % 。

(F4 单元格完整的公式为:＝(D4－E4)/D4)

7. 参考样图,在"十月"工作表中,根据"游客总人数"生成一张反映 10 月黄金周游客总人数的"折线图",嵌入当前工作表中,图表上方标题为"黄金周游客数分析"、16 号字,无图例,显示数据标签、并放置在数据点上方,有线性趋势线。

操作步骤 1:选定"十月"工作表中 A4 至 A10 单元格,按住 Ctrl 键,选定"十月"工作表中 D4 至 D10 单元格,在"插入"选项卡中的"图表"组中,单击"折线图"按钮,下拉列表框中选择"二维折线图"中的"折线图"。

操作步骤 2:在"图表工具"中的"布局"选项卡中,单击"标签"组中的"图表标题"按钮,下拉列表框中选择"图表上方"命令,双击图表区顶部的"图表标题"区域,输入标题"黄金周游客数分析"。在"开始"选项卡中的"字体"组中,字号下拉列表框中设置字号为"16 号"。

操作步骤 3:在"图表工具"中的"布局"选项卡中,单击"标签"组中的"图例"按钮,在下拉列表框中选择"无"命令。在"图表工具"中的"布局"选项卡中,单击"标签"组中的"数据标签"按钮,在下拉列表框中选择"上方"命令(显示数据标签、并放置在数据点上方)。

操作步骤 4:在"图表工具"中的"布局"选项卡中,单击"分析"组中的"趋势线"按钮,在下拉列表框中选择"线性趋势线"命令,如图 4－17 所示。

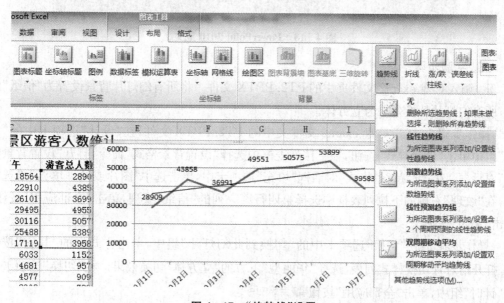

图 4－17 "趋势线"设置

8. 保存文件 EX2. XLSX,存放于 C:盘 EXAM2 文件夹中。
操作步骤:在"快速访问工具栏"上单击保存按钮🖫,完成文件保存。

第三部分 PowerPoint 2010 演示文稿制作

根据提供素材,参考范文样图和实验步骤对 PowerPoint 2010 演示文稿进行操作,如图

4-18 所示。

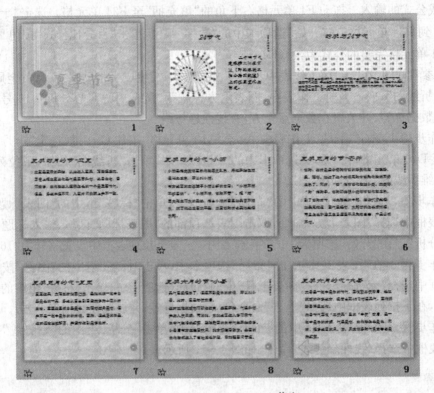

图 4-18　PowerPoint 2010 范文

五、实验步骤

1. 调入 C 盘 exam2 文件夹中的 PT2. PPTX 文件。将所有幻灯片背景设置为"信纸"纹理,所有幻灯片切换效果为立方体。

操作步骤 1:打开 C 盘 exam2 文件夹中的 PT2. PPTX 文件,在"设计"选项卡中的"背景"组中单击"背景样式"按钮,在下拉列表框中选择"设置背景格式"命令,打开"设置背景格式"对话框,在"设置背景格式"对话框"填充"选项卡中,单击选中"图片或纹理填充"单选按钮,在"纹理"右侧的下拉列表框中选择第四行第一列的"信纸"纹理,单击"全部应用"按钮,单击"关闭"按钮。

操作步骤 2:在"切换"选项卡中的"切换到此幻灯片"组中,单击样式框的"其它"按钮 ，打开幻灯片切换样式列表,选择"华丽型"下方的"立方体"切换效果。在"切换"选项卡中的"计时"组中,单击"全部应用"按钮 全部应用 。

2. 将文档 word02. docx 中的图片复制到第二张幻灯片中,图片的高度、宽度缩放比例均为 90%,并设置图片动画效果为:单击时自左侧飞入、延迟 0.5 秒。

操作步骤 1:打开 C 盘 exam2 文件夹中的 word02. docx 文件,选中 word02. docx 文件中的图片,按 CTRL+C 键,关闭 C 盘 exam2 文件夹中的 word02. docx 文件。选定第二张幻灯片,在第二张幻灯片空白处单击,按 CTRL+V 键。右击此图片,在弹出的快捷菜单中单击"大小和位置"命令,弹出"布局"对话框,在"大小"选项卡中,"缩放比例"栏下方的高度

和宽度右侧的微调框中设置缩放比例均为 90%,适当调整图片位置;

操作步骤 2:选定图片,在"动画"选项卡中的"动画"组中,单击"其他"按钮 ▼ ,弹出动画样式库,选择"进入"项的"飞入"命令,"动画"组中的"效果选项" 效果选项 下拉列表框中选择"自左侧"命令,在"动画"选项卡中的"计时"组中,延迟右侧的微调框中设置值为 00.50 秒。

3. 利用幻灯片母版,设置所有"标题和内容"版式幻灯片的标题样式为:隶书、44 号字、倾斜。

操作步骤:在"视图"选项卡中的"母版视图"组中,单击"幻灯片母版"按钮,在功能区添加"幻灯片母版"选项卡。在左侧"幻灯片缩略图"窗格中单击"标题和内容"版式。选择"单击此处编辑母版标题样式"文字,在"开始"选项卡中的"字体"组中,设置字体为"隶书",字号为"44",单击"倾斜"按钮 I 。单击"关闭母版视图"按钮。

注意:本演示文稿涉及两种版式,操作步骤 1 和 2 针对的是"标题和内容"版式,根据题目要求,不需要对"标题幻灯片"版式重复操作步骤 1 和 2。

4. 除标题幻灯片外,在其它幻灯片中插入自动更新的日期(样式为"××××年××月××日")及幻灯片编号。

操作步骤:在"插入"选项卡中的"文本"组中,单击"页眉和页脚"按钮,弹出"页眉和页脚"对话框,选中"日期和时间"复选框,"自动更新"下面的下拉列表框中选择"2017 年 6 月 8 日"(注意:此日期会根据当前的日期自动更新);选中"幻灯片编号"复选框;选定"标题幻灯片中不显示"复选框,单击"全部应用"按钮。

5. 交换第七张和第八张幻灯片,并为第九张幻灯片左下角的箭头创建超链接,指向第一张幻灯片。

操作步骤 1:在幻灯片左侧"幻灯片缩略图"窗格中单击选中"第八张幻灯片",按住鼠标左键拖动到第六张和第七张幻灯片的分界处,如图 4 - 19 所示。

操作步骤 2:选定第九张幻灯片中的箭头 ← ,在"插入"选项卡中的"链接"组中,单击"超链接"按钮,弹出"插入超链接"对话框。在"链接到"栏下方选择"本文档中的位置",在"请选择文档中的位置"下方的下拉列表框中选择"第一张幻灯片",单击"确定"按钮。如图 4 - 20 所示。

图 4 - 19　幻灯片交换

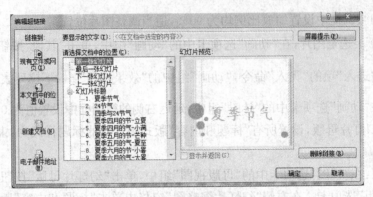

图 4 - 20   "超链接"设置

6. 保存文件 PT2. PPTX,存放于 C:盘 EXAM2 文件夹中。

操作步骤:在"快速访问工具栏"上单击保存按钮 ▣,完成文件保存。

综合实验三

一、实验目的

通过本次实验综合掌握计算机等级考试所必须的 Word 编辑文稿、Excel 表格制作、PPT 演示文稿制作的技能。

二、实验内容

第一部分   Word 2010 编辑文稿

根据提供素材,参考范文样图和实验步骤对 Word 2010 文档综合排版,如图 4 - 21 所示。

图 4 - 21   Word 2010 范文

三、实验步骤

1. 调入 C 盘 exam3 文件夹中的 ED3. DOCX 文件。将页面设置为：A4 纸，上、下页边距为 2.3 厘米，左、右页边距为 3 厘米，每页 42 行，每行 40 个字符。

操作步骤：打开 C 盘 exam3 文件夹中的 ED3. DOCX 文件，在"页面布局"选项卡上，单击"页面设置"对话框启动器，弹出"页面设置"对话框。在"纸张"选项卡中，"纸张大小"下拉列表框中选择纸型为 A4；在"页边距"选项卡中设置上下页边距为 2.3 厘米，左右页边距为 3 厘米；在"文档网格"选项卡中，"网格"栏下选择"指定行和字符网格"，并设置每页 42 行，每行 40 个字符。

2. 给文章加标题"民用无人机发展前景"，设置其格式为华文细黑、二号字，字符间距加宽 3 磅，居中显示，标题段落填充标准色－黄色底纹，段前间距 0.5 行。

操作步骤 1：将插入点移至文章起始位置，输入标题"民用无人机发展前景"并按下 <Enter> 键。选择所输标题，在"开始"选项卡上，单击"字体"对话框启动器，弹出"字体"对话框，在"字体"选项卡中设置其字体为"华文细黑"、字号为"二号"，在"高级"选项卡中"间距"右侧的下拉列表框中选择"加宽"，"磅值"右侧的微调框中设置值为 3 磅。在"开始"选项卡中的"段落"组中，单击"居中"按钮，将标题居中显示。

操作步骤 2：选择标题，在"开始"选项卡中，单击"段落"组中的"下框线"右侧的按钮，在弹出的下拉列表框中选择"边框和底纹"命令，弹出"边框和底纹"对话框，单击"底纹"选项卡，设置标题段填充"标准色-黄色"底纹，注意应用于下拉列表框中选择"段落"。在"开始"选项卡上，单击"段落"对话框启动器，打开"段落"对话框中的"缩进和间距"选项卡，"间距"栏下方"段前"右侧的微调框中设置段前间距值为 0.5 行，如图 4－22 所示。

图 4－22　"段前间距"设置

3. 设置正文第一段首字下沉 2 行,首字字体为微软雅黑、距正文 0.1 厘米、加粗,其余各段设置为首行缩进 2 字符。

操作步骤 1:将插入点移到第一段中,选择"近"字,在"插入"选项卡中,单击"文本"组中的"首字下沉"按钮,在下拉列表框中单击"首字下沉选项"命令,打开"首字下沉"对话框,在"位置"栏下方选择"下沉","字体"栏下方设置字体为微软雅黑,"下沉行数"右侧设置首字下沉 2 行,"距正文"右侧的微调框中设置值为 0.1 厘米。在"开始"选项卡中,单击"字体"组中的"加粗"按钮**B**,将首字加粗。

操作步骤 2:选择第二段至最后一段,在"开始"选项卡上,单击"段落"对话框启动器,弹出"段落"对话框,单击"缩进和间距"选项卡,在"特殊格式"下拉列表框中选择"首行缩进",其右侧的"磅值"下方微调框中设置值为 2 字符。

4. 将正文第三段文字的底纹设置为:橙色、强调文字颜色 6、淡色 80%,并在该段第五行文字"黑飞"后插入脚注,内容为"未经登记的飞行,此类飞行有一定危险性"。

操作步骤 1:选择正文第三段,在"开始"选项卡中,单击"段落"组中的"下框线"右侧的按钮 ⊞▾,在弹出的下拉列表框中选择"边框和底纹"命令,弹出"边框和底纹"对话框,单击"底纹"选项卡,设置正文第三段文字填充"橙色、强调文字颜色 6、淡色 80%"底纹,注意"应用于"下拉列表框中选择"文字",如图 4-23 所示。

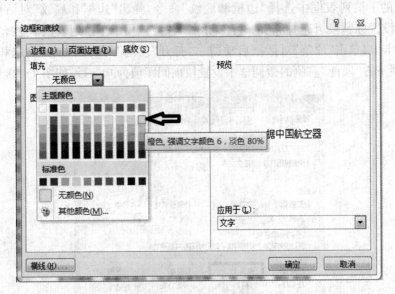

图 4-23　文字的底纹设置

操作步骤 2:将光标定位在正文第三段第五行的文字"黑飞"后,在"引用"选项卡中的"脚注"组中,单击"插入脚注"按钮 AB¹插入脚注,在页面底端输入"未经登记的飞行,此类飞行有一定危险性"。

5. 参考 Word 2010 范文样图,在正文适当位置插入图片"无人机.jpg",设置图片样式为柔化边缘矩形,环绕方式为紧密型。

操作步骤:在"插入"选项卡中的"插图"组中单击"图片"按钮,弹出"插入图片"对话框,在 C:盘 EXAM3 文件夹中,选择图片"无人机.jpg"插入;在"图片工具"中的"格式"选项卡中,单击"图片样式"组中的"其他"按钮 ▾,弹出图片样式库,单击第一行第六列的"柔化边缘矩形",如图 4 - 24 所示。在"图片工具"中的"格式"选项卡中,单击"排列"组中的"自动换行"按钮,在下拉列表框中设置其环绕方式为"紧密型环绕"。参考范文适当调整图片位置。

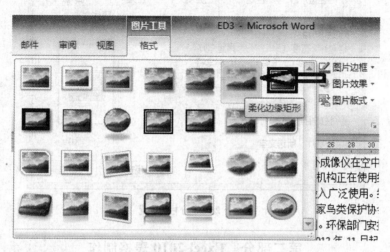

图 4 - 24 图片样式设置

6. 设置首页页眉为"无人机发展",其余页页眉为"无人机的未来",均居中显示,并在所有页的页面底端插入页码,页码样式为"圆角矩形 3"。

操作步骤:在"插入"选项卡中的"页眉和页脚"组中,单击"页眉"按钮,在下拉列表框中选择"编辑页眉"命令,进入页眉和页脚编辑状态,在"页眉和页脚"中的"设计"选项卡中,"选项"组中选中"首页不同"复选框,首页页眉输入"无人机发展",其余页页眉输入"无人机的未来",在"导航"组中单击"转至页脚"按钮,单击"上一节"按钮,进入"首页页脚"的编辑状态,在"页眉和页脚"组中单击"页码"按钮,下拉列表框中单击"页面底端"中的"圆角矩形 3",完成首页页脚的设置;在"导航"组中单击"下一节"按钮,进入"其余页页脚"的编辑状态,在"页眉和页脚"组中单击"页码"按钮,下拉列表框中单击"页面底端"中的"圆角矩形 3",完成其余页页脚的设置。设置完成后,单击"关闭页眉和页脚"按钮,回到文档编辑视图。

7. 将正文最后一段分为偏右三栏,栏间加分隔线。

操作步骤:选择正文最后一段(注意段落标记 ↵ 不能选),在"页面布局"选项卡中的"页面设置"组中单击"分栏"按钮,在下拉列表框中选择"更多分栏"命令,弹出"分栏"对话框,在"预设"栏下方选择"右","栏数"右侧的微调框中设置分栏值为 3,选中"分隔线"复选框,单击"确定"按钮。如图 4 - 25 所示。

8. 保存文件 ED3. DOCX,存放于 C:盘 EXAM3 文件夹中。

操作步骤:在"快速访问工具栏"上单击保存按钮 🖫,完成文件保存。

图 4 – 25 "分栏"设置

第二部分 Excel 2010 表格制作

根据提供素材,参考范文样图和实验步骤对 Excel 2010 电子表格进行操作,如图 4 – 26 所示。

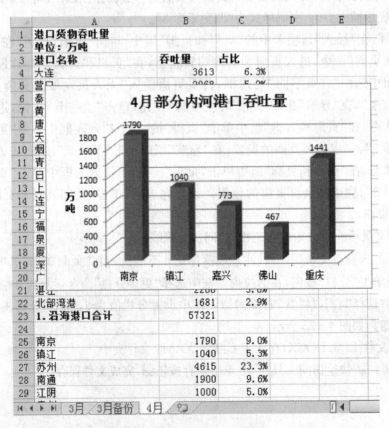

图 4 – 26 Excel 2010 范文

四、实验步骤

1. 调入 C 盘 exam3 文件夹中的 EX3. XLSX 文件。在"3 月"工作表中,设置第一行标题文字"港口货物吞吐量"在 A1:C1 单元格区域合并后居中,字体格式为幼圆、16 号字、加粗。

操作步骤 1:打开 C 盘 exam3 文件夹中的 EX3. XLSX,选定"3 月"工作表 A1:C1 单元格区域,在"开始"选项卡中的"对齐方式"组中,单击"合并后居中"按钮 合并后居中 。

操作步骤 2:选中第一行标题文字,在"开始"选项卡中的"字体"组中,设置字体为幼圆、字号为 16 号,单击"字体"组中的"加粗"按钮 **B** 。

2. 在"3 月"工作表中,设置 A3:C41 单元格区域外框线为最粗实线,内框线为最细实线。

操作步骤:选定"3 月"工作表 A3:C41 单元格区域,在"开始"选项卡中的"字体"组中,单击 按钮,下拉列表框中选择"其他边框"命令,弹出"设置单元格格式"对话框的"边框"选项卡。在"线条"栏下方样式选取"最粗实线",在"预置"栏下方单击"外边框"按钮;在"线条"栏下方样式选取"最细实线",在"预置"栏下方单击"内部"按钮,单击"确定"按钮。

3. 复制"3 月"工作表,并将复制后的工作表重命名为"3 月备份"。

操作步骤:单击"3 月"工作表,在"开始"选项卡中的"单元格"组中单击"格式"按钮,在弹出的下拉列表框中单击"移动或复制工作表"命令,弹出"移动或复制工作表"对话框,如图 4－27 所示,在"下列选定工作表之前"列表框中选择"4 月",选定建立副本复选框,单击"确定"按钮。双击工作表标签"3 月(2)",输入"3 月备份",按"Enter"键。

图 4－27　"移动或复制工作表"设置

4. 在"3 月备份"工作表中,筛选出占比高于平均值的记录。

操作步骤:选定"3 月备份"工作表中 A3:C41 单元格区域,在"数据"选项卡中的"排序和筛选"组中单击"筛选"按钮 ,单击"占比"右侧的下拉箭头 占比 ,在弹出的下拉菜单中选择"数字筛选"级联菜单中的"高于平均值"命令,如图 4－28 所示。

图 4 - 28　"筛选"设置

5. 在"4 月"工作表的 B41 单元格中,利用函数计算内河港口吞吐量合计。

操作步骤:选定"4 月"工作表 B41 单元格,在"公式"选项卡中的"函数库"组中单击"自动求和"按钮 Σ_{自动求和},在下拉列表框中单击"求和"命令,单击编辑栏的"输入"按钮 ✓,完成公式的输入。

6. 在"4 月"工作表的 C25:C40 单元格中,利用公式计算各港口占比(占比=吞吐量/内河港口合计),结果以带 1 位小数的百分比格式显示,要求使用绝对地址表示内河港口合计值。

操作步骤:选定"4 月"工作表的 C25 单元格,在编辑栏上输入"=",单击"B25"单元格,输入"/",单击 B41 单元格(选定编辑栏的 B41,按"F4"键,相对地址 B41 变成绝对地址 $B$41),单击编辑栏的"输入"按钮 ✓,完成公式的输入。拖动 C25 单元格右下角的"填充柄"至 C40 单元格。选定"4 月"工作表的 C25 到 C40 单元格,在"开始"选项卡中的"数字"组中,单击"百分比样式"按钮 % ,单击"增加小数位数"按钮 一次。如图 4 - 29 所示。

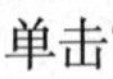

(C25 单元格完整的公式为:=B25/$B$41)

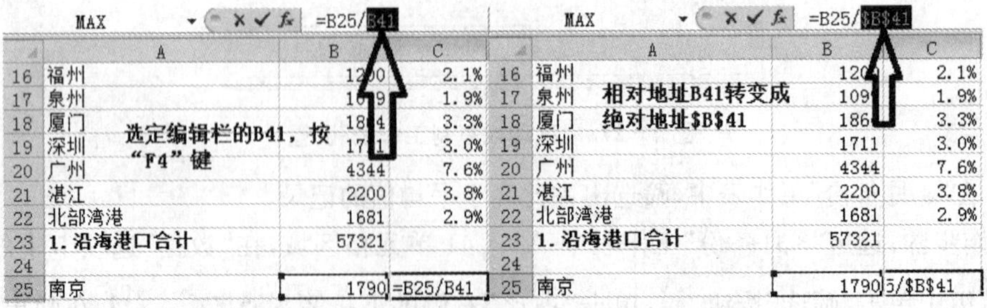

	A	B	C		A	B	C
16	福州	1200	2.1%	16	福州	120	2.1%
17	泉州	1099	1.9%	17	泉州	1099	1.9%
18	厦门	1864	3.3%	18	厦门	186	3.3%
19	深圳	1711	3.0%	19	深圳	1711	3.0%
20	广州	4344	7.6%	20	广州	4344	7.6%
21	湛江	2200	3.8%	21	湛江	2200	3.8%
22	北部湾港	1681	2.9%	22	北部湾港	1681	2.9%
23	1.沿海港口合计	57321		23	1.沿海港口合计	57321	
24				24			
25	南京	1790	=B25/B41	25	南京	1790	5/$B$41

选定编辑栏的B41,按"F4"键　MAX　=B25/B41

相对地址B41转变成绝对地址$B$41　MAX　=B25/$B$41

图 4 - 29　相对地址、绝对地址转换

7. 参考样张,在"4 月"工作表中,根据"吞吐量",生成一张反映南京、镇江、嘉兴、佛山、

重庆五个内河港口吞吐量的"三维簇状柱形图",嵌入当前工作表中,图表上方标题为"4月部分内河港口吞吐量"、16 号字,主要纵坐标轴竖排标题为"万吨",无图例,数据标签显示值。

操作步骤 1:选定"4月"工作表中 A25 单元格,按住 Ctrl 键,选定"4月"工作表中 A26、A34、A39、A40 单元格;按住 Ctrl 键,继续选定"4月"工作表中 B25、B26、B34、B39、B40 单元格。在"插入"选项卡中的"图表"组中,单击"柱形图"按钮,下拉列表框中选择"三维柱形图"中的"三维簇状柱形图"。

操作步骤 2:在"图表工具"中的"布局"选项卡中,单击"标签"组中的"图表标题"按钮,下拉列表框中选择"图表上方"命令,双击图表区顶部的"图表标题"区域,输入标题"4月部分内河港口吞吐量"。在"开始"选项卡中的"字体"组中,字号下拉列表框中设置字号为"16号"。

操作步骤 3:在"图表工具"中的"布局"选项卡中,单击"标签"组中的"坐标轴标题"按钮,在下拉列表框中选择"主要纵坐标轴标题"下的"竖排标题"命令,在"竖排标题"区域,输入主要纵坐标轴竖排标题"万吨"。

操作步骤 4:在"图表工具"中的"布局"选项卡中,单击"标签"组中的"图例"按钮,在下拉列表框中选择"无"命令。在"图表工具"中的"布局"选项卡中,单击"标签"组中的"数据标签"按钮,在下拉列表框中选择"显示"命令(打开所选内容的数据标签)。

8. 保存文件 EX3. XLSX,存放于 C:盘 EXAM3 文件夹中。

操作步骤:在"快速访问工具栏"上单击保存按钮█,完成文件保存。

第三部分　PowerPoint 2010 演示文稿制作

根据提供素材,参考范文样图和实验步骤对 PowerPoint 2010 演示文稿进行操作,如图 4-30 所示。

五、实验步骤

1. 调入 C 盘 exam3 文件夹中的 PT3. PPTX 文件。为所有幻灯片背景填充标准色-浅蓝、透明度为 80%,设置所有幻灯片切换效果为自底部推进。

操作步骤 1:打开 C 盘 exam3 文件夹中的 PT3. PPTX 文件,在"设计"选项卡中的"背景"组中单击"背景样式"按钮,在下拉列表框中选择"设置背景格式"命令,打开"设置背景格式"对话框, 在"设置背景格式"对话框"填充"选项卡中,单击 "填充颜色"栏下方"颜色"右侧的下拉列表框,选择"标准色-浅蓝",透明度右侧的微调框中设置值为 80%,单击"全部应用"按钮,单击"关闭"按钮。

操作步骤 2:在"切换"选项卡中的"切换到此幻灯片"组中,单击样式框的"其它"按钮▼,打开幻灯片切换样式列表,选择"细微型"下方的"推进"切换效果。在"切换"选项卡中的"切换到此幻灯片"组中,单击"效果选项"按钮,下拉列表框中选择"自底部"命令。在"切换"选项卡中的"计时"组中,单击"全部应用"按钮█全部应用 。

图 4－30　PowerPoint 2010 范文

2. 将幻灯片大小设置为 35 毫米幻灯片，并在所有幻灯片中插入幻灯片编号。

操作步骤 1：在"设计"选项卡中的"页面设置"组中单击"页面设置"按钮，弹出"页面设置"对话框。在"幻灯片大小"栏下方的下拉列表框中设置幻灯片大小为 35 毫米幻灯片。

操作步骤 2：在"插入"选项卡中的"文本"组中，单击"页眉和页脚"按钮，弹出"页眉和页脚"对话框，选中"幻灯片编号"复选框（"标题幻灯片中不显示"复选框无需选择），单击"全部应用"按钮。

3. 为第三张幻灯片中的文字"智能机器人"和"专家系统"创建超链接，分别指向具有相应标题的幻灯片。

操作步骤：选中第三张幻灯片，选中文字"智能机器人"，在"插入"选项卡中的"链接"组中，单击"超链接"按钮，弹出"插入超链接"对话框。在"链接到："栏下方选择"本文档中的位置"，然后在"请选择文档中的位置"下方选择"4.智能机器人"，单击"确定"按钮，如图 4－31所示。同理制作文字"专家系统"的超链接。

图 4－31　"超链接"设置

4. 利用幻灯片母版,设置所有幻灯片标题的字体格式为:华文楷体、48 号字、标准色-黄色。

操作步骤:在"视图"选项卡中的"母版视图"组中,单击"幻灯片母版"按钮,在功能区添加"幻灯片母版"选项卡。在左侧"幻灯片缩略图"窗格中单击"标题和内容"版式。选择"单击此处编辑母版标题样式"文字,在"开始"选项卡中的"字体"组中,设置字体为"华文楷体",字号为"48",单击字体颜色下拉箭头,选择"标准色-黄色"。单击"关闭母版视图"按钮。

注意:本演示文稿涉及两种版式,操作步骤针对的是"标题和内容"版式,还需要对"标题幻灯片"版式重复上述操作步骤完成"标题幻灯片"版式的制作。如图 4 - 32 所示。

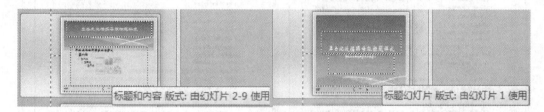

图 4 - 32　"幻灯片母版"设置

5. 在最后一张幻灯片中插入图片"机器人. jpg",设置图片高度、宽度缩放比例均为120%,图片进入的动画效果为:形状(菱形)、在上一动画之后开始、持续 3 秒。

操作步骤 1:选定最后一张幻灯片,在"插入"选项卡中的"图像"组中,单击"图片"按钮,弹出"插入图片"对话框,在 C:盘 EXAM3 文件夹中,选择图片"机器人. jpg"插入。右击此图片,在弹出的快捷菜单中单击"大小和位置"命令,弹出"布局"对话框,在"大小"选项卡中,"缩放比例"栏下方的高度和宽度右侧的微调框中设置缩放比例均为 120%,适当调整图片位置。

操作步骤 2:选定图片,在"动画"选项卡中的"动画"组中,单击"其他"按钮，弹出动画样式库,选择"进入"项的"形状"命令,单击"效果选项"按钮，在下拉列表框中选择"形状"栏下方的"菱形";在"动画"选项卡中的"计时"组中,"开始"右侧的下拉列表框中设置为"上一动画之后","持续时间"右侧的微调框中设置值为 03. 00 秒。

6. 保存文件 PT3. PPTX,存放于 C:盘 EXAM3 文件夹中。

操作步骤:在"快速访问工具栏"上单击保存按钮，完成文件保存。

综合实验四

一、实验目的

通过本次实验综合掌握计算机等级考试所必须的 Word 编辑文稿、Excel 表格制作、PPT 演示文稿制作的技能。

二、实验内容

第一部分　Word 2010 编辑文稿

根据提供素材,参考范文样图和实验步骤对 Word 2010 文档综合排版,如图 4-33 所示。

图 4-33　Word 2010 范文

三、实验步骤

1. 调入 C 盘 exam4 文件夹中的 ED4. DOCX 文件。将页面设置为:A4 纸,上、下页边距为 2.5 厘米,左、右页边距为 3 厘米,每页 42 行,每行 40 个字符。

操作步骤:打开 C 盘 exam4 文件夹中的 ED4. DOCX 文件,在"页面布局"选项卡上,单击"页面设置"对话框启动器,弹出"页面设置"对话框。在"纸张"选项卡中,"纸张大小"下拉列表框中选择纸型为 A4;在"页边距"选项卡中设置上下页边距为 2.5 厘米,左右页边距为 3 厘米;在"文档网格"选项卡中,"网格"栏下选择"指定行和字符网格",并设置每页 42 行,每行 40 个字符。

2. 设置正文第一段首字下沉 3 行、距正文 0.2 厘米,首字字体为华文细黑、标准色-浅绿,其余各段设置为首行缩进 2 字符。

操作步骤 1:将插入点移到第一段中,选择"锂"字,在"插入"选项卡中,单击"文本"组中的"首字下沉"按钮,在下拉列表框中单击"首字下沉选项"命令,打开"首字下沉"对话框,在"位置"栏下方选择"下沉","字体"栏下方设置字体为华文细黑,"下沉行数"右侧设置首字下沉 3 行,"距正文"右侧的微调框中设置值为 0.2 厘米。在"开始"选项卡中,单击"字体"组中的"字体颜色" 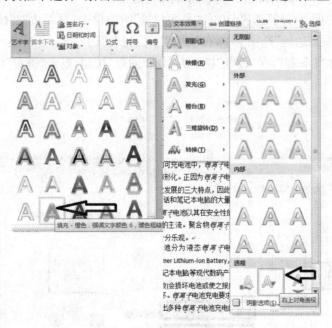下拉箭头,选择"标准色-浅绿"。

操作步骤2:选择第二段至最后一段,在"开始"选项卡上,单击"段落"对话框启动器,弹出"段落"对话框,单击"缩进和间距"选项卡,在"特殊格式"下拉列表框中选择"首行缩进",其右侧的"磅值"下方微调框中设置值为2字符。

3. 将正文中所有的"锂离子"设置为倾斜、标准色-深红、加着重号。

操作步骤:将光标置于正文第2个字符处,在"开始"选项卡中的"编辑"组中,单击"替换"按钮,弹出"查找和替换"对话框,在替换选项卡中,"查找内容"下拉列表框中输入"锂离子","替换为"下拉列表框中输入"锂离子";单击"更多"按钮,选择"替换为"下拉列表框中的"锂离子",再单击"格式"按钮中"字体"命令,弹出"字体"对话框,设置字体颜色为"标准色-深红"、字形为"倾斜",着重号为".",单击"全部替换"按钮,单击"关闭"按钮。

4. 参考 Word 2010 范文样张,在正文适当位置插入艺术字"锂离子电池",艺术字样式采用:填充-橙色、强调文字颜色6、暖色粗糙棱台,艺术字形状效果为右上对角透视阴影,环绕方式为紧密型。

操作步骤:在"插入"选项卡中的"文本"组中单击"艺术字"按钮,在下拉列表框中选择第六行第二列的艺术字样式,在文档中出现的艺术字图文框中输入文字"锂离子电池",打开"绘图工具"下的"格式"选项卡,单击"艺术字样式"组中的"文本效果"按钮,下拉列表框中选择"阴影"级联菜单中的"右上对角透视阴影",如图4-34所示。单击"排列"组中的"自动换行"按钮,在下拉列表框中选择"紧密型环绕"方式,移动艺术字到适当位置。

图 4-34 "艺术字"设置

5. 参考 Word 2010 范文样张,在正文适当位置插入图片"锂电池.jpg",设置图片高度、宽度缩放比例均为60%,设置图片样式为:圆形对角、白色,环绕方式为四周型。

操作步骤:在"插入"选项卡中的"插图"组中单击"图片"按钮,弹出"插入图片"对话框,在

C:盘 EXAM4 文件夹中,选择图片"锂电池.jpg"插入。在文档中右击此图片,在弹出的快捷菜单中单击"大小和位置"命令,弹出"布局"对话框,在"大小"选项卡中,"缩放"栏下方的高度和宽度右侧的微调框中设置缩放比例均为60%;在"文字环绕"选项卡中设置其环绕方式为"四周型"。参考范文适当调整图片位置。在"图片工具"中的"格式"选项卡中,单击"图片样式"组中的"其他"按钮 ,弹出图片样式库,单击第二行第七列的"圆形对角、白色",如图4-35所示。

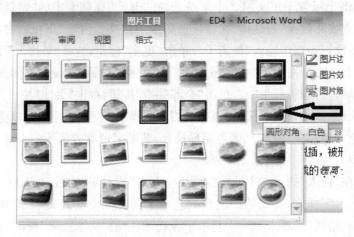

图4-35 "图片样式"设置

6. 给页面添加1.5磅、标准色-浅绿、带阴影的边框。

操作步骤:在"页面布局"选项卡中的"页面背景"组中单击"页面边框"按钮,弹出"边框和底纹"对话框,在"页面边框"选项卡中,在"颜色"下拉列表框中"选择标准色-浅绿"、在"宽度"下拉列表框中选择"1.5磅",在"设置"栏下方单击"阴影"按钮,单击"确定"按钮。如图4-36所示。

图4-36 "页面边框"设置

7. 设置奇数页页眉为"21 世纪的电池",偶数页页眉为"锂电池绿色环保",均居中显示,并在所有页的页面底端插入页码,页码样式为"加粗显示的数字 3"。

操作步骤:在"插入"选项卡中的"页眉和页脚"组中,单击"页眉"按钮,在下拉列表框中选择"编辑页眉"命令,进入页眉和页脚编辑状态,在"页眉和页脚"中的"设计"选项卡中,"选项"组中选中"奇偶页不同"复选框,奇数页页眉输入"21 世纪的电池",偶数页页眉输入"锂电池绿色环保",在"导航"组中单击"转至页脚"按钮,单击"上一节"按钮,进入"奇数页页脚"的编辑状态,在"页眉和页脚"组中单击"页码"按钮,下拉列表框中单击"页面底端"中的"加粗显示的数字 3",完成奇数页页脚的设置;在"导航"组中单击"下一节"按钮,进入"偶数页页脚"的编辑状态,在"页眉和页脚"组中单击"页码"按钮,下拉列表框中单击"页面底端"中的"加粗显示的数字 3",完成偶数页页脚的设置。设置完成后,单击"关闭页眉和页脚"按钮,回到文档编辑视图。

8. 保存文件 ED4.DOCX,存放于 C:盘 EXAM4 文件夹中。

操作步骤:在"快速访问工具栏"上单击保存按钮📇,完成文件保存。

第二部分 Excel 2010 表格制作

根据提供素材,参考范文样图和实验步骤对 Excel 2010 电子表格进行操作,如图 4-37 所示。

图 4-37 Excel 2010 范文

四、实验步骤

1. 调入 C 盘 exam4 文件夹中的 EX4.XLSX 文件。在"客运量"工作表中,设置第一行标题文字"水路旅客运输量"在 A1:D1 单元格区域合并后居中,字体格式为华文新魏、20 号字、标准色-红色。

操作步骤 1:打开 C 盘 exam4 文件夹中的 EX4. XLSX,选定"客运量"工作表 A1:D1 单元格区域,在"开始"选项卡中的"对齐方式"组中,单击"合并后居中"按钮 合并后居中 。

操作步骤 2:选中第一行标题文字,在"开始"选项卡中的"字体"组中,设置字体为"华文新魏"、字号为"20",字体颜色为"标准色-红色"。

2. 在"客运量"工作表中,设置 A3:D34 单元格区域的边框为粗匣框线。

操作步骤:选定"客运量"工作表 A3：D34 单元格区域,在"开始"选项卡中的"字体"组中,单击 按钮,下拉列表框中选择"粗匣框线"命令,如图 4‑38 所示。

图 4‑38　"框线"设置

3. 在"合计"工作表的 C4:C16 单元格中,引用"客运量"工作表中的数据,利用公式计算出华东、中南地区各省份的客运总量(客运总量＝上月客运量＋本月客运量)。

操作步骤:选定"合计"工作表的 C4 单元格,在编辑栏上输入"＝",单击"客运量"工作表的 C12 单元格,输入"＋",再次单击"客运量"工作表的 D12 单元格,单击编辑栏的"输入"按钮 ✓ ,完成公式的输入。拖动 C4 单元格右下角的"填充柄"至 C16 单元格。

(C4 单元格完整的公式为:＝客运量! C12＋客运量!D12)

4. 在"合计"工作表的 F4:F16 单元格中,引用"旅客周转量"工作表中的数据,利用公式计算华东、中南地区各省份的旅客周转量环比(旅客周转量环比＝(本月周转量－上月周转量)/上月周转量),结果以带 2 位小数的百分比格式显示。

操作步骤:选定"合计"工作表的 F4 单元格,在编辑栏上输入"＝(",单击"旅客周转量"工作表的 D12 单元格,输入"－"号,单击"旅客周转量"工作表的 C12 单元格,输入")/",再次单击"旅客周转量"工作表的 C12 单元格,单击编辑栏的"输入"按钮 ✓ ,完成公式的输入。拖动 F4 单元格右下角的"填充柄"至 F16 单元格。选定"合计"工作表的 F4 到 F16 单元格,在"开始"选项卡中的"数字"组中,单击"百分比样式"按钮 ％ ,单击"增加小数位数"按钮 ⁺⁰⁰ 两次。

(F4 单元格完整的公式为:＝(旅客周转量! D12－旅客周转量! C12)/旅客周转量!C12)

5. 在"合计"工作表中,将"NULL"全部替换为数值 0。

操作步骤:选定"合计"工作表 A1 至 F34 单元格区域,在"开始"选项卡中的"编辑"组中,单击"查找和选择"按钮 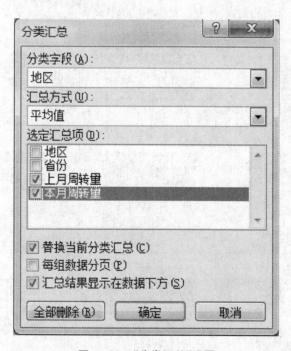,在下拉列表框中选择"替换"命令,弹出"查找和替换"对话框,在"替换"选项卡中,"查找内容"下拉列表框中输入"NULL","替换为"下拉列表框中输入"0",单击"全部替换"按钮,单击"关闭"按钮。

6. 在"旅客周转量"工作表中,利用分类汇总,统计各地区上月及本月周转量的平均值,汇总结果显示在数据下方。

操作步骤1:选定"旅客周转量"工作表 A3 至 E34 单元格区域,在"数据"选项卡中的"排序和筛选"组中单击"排序"按钮 ,打开"排序"对话框,"主要关键字"下拉列表框中选择"地区","排序依据"下拉列表框中选择"数值","次序"下拉列表框中选择"升序",单击"确定"按钮。(注意:必须选定"数据包含标题"复选框)

操作步骤2:重新选定"旅客周转量"工作表 A3 至 D34 单元格区域,在"数据"选项卡中的"分级显示"组中单击"分类汇总"按钮 ,打开"分类汇总"对话框,"分类字段"选择"地区","汇总方式"选择"平均值","选定汇总项"选择"上月周转量"和"本月周转量",选中"汇总结果显示在数据下方"复选框,如图 4-39 所示。

图 4-39 "分类汇总"设置

7. 参考样张,在"客运量"工作表中,根据"本月客运量",生成一张反映中南地区各省份客运量的"三维簇状柱形图",嵌入当前工作表中,图表上方标题为"中南地区水路客运量"、16 号字,无图例,数据标签显示值。

操作步骤1:选定"客运量"工作表中 B19 至 B24 单元格,按住 Ctrl 键,选定"客运量"工作表中 D19 至 D24 单元格,在"插入"选项卡中的"图表"组中,单击"柱形图"按钮,下拉列表框中选择"三维柱形图"中的"三维簇状柱形图"。

操作步骤 2：在"图表工具"中的"布局"选项卡中，单击"标签"组中的"图表标题"按钮，下拉列表框中选择"图表上方"命令，双击图表区顶部的"图表标题"区域，输入标题"中南地区水路客运量"。在"开始"选项卡下的"字体"组中，字号下拉列表框中设置字号为"16号"。

操作步骤 3：在"图表工具"中的"布局"选项卡中，单击"标签"组中的"图例"按钮，在下拉列表框中选择"无"命令；在"图表工具"中的"布局"选项卡中，单击"标签"组中的"数据标签"按钮，在下拉列表框中选择"显示"命令（打开所选内容的数据标签）。

8. 保存文件 EX4. XLSX，存放于 C：盘 EXAM4 文件夹中。

操作步骤：在"快速访问工具栏"上单击保存按钮🖫，完成文件保存。

第三部分　PowerPoint 2010 演示文稿制作

根据提供素材，参考范文样图和实验步骤对 PowerPoint 2010 演示文稿进行操作，如图 4-40 所示。

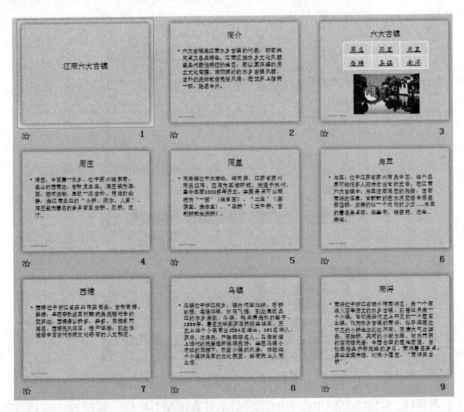

图 4 - 40　PowerPoint 2010 范文

五、实验步骤

1. 调入 C 盘 exam4 文件夹中的 PT4. PPTX 文件。将文件 town. pptx 中的所有幻灯片添加到 PT4. pptx 的末尾，作为第七、八、九张幻灯片。

操作步骤 1：打开 C 盘 exam4 文件夹中的 PT4. PPTX 文件，将光标定位在第六张幻灯片的末尾，在"开始"选项卡中的"幻灯片"组中，单击"新建幻灯片"按钮，在下拉列表框中单击"重用幻灯片"命令，在弹出的"重用幻灯片"任务窗格中单击"浏览"按钮，如图 4 - 41所示。

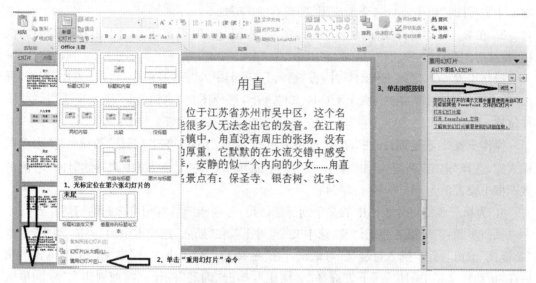

图 4 - 41　"重用幻灯片"设置

操作步骤 2：在"浏览"按钮下拉列表框中选择"浏览文件"命令，打开"浏览"对话框，选择 C 盘 exam4 文件夹中的 town. pptx，单击"打开"按钮。在"重用幻灯片"任务窗格中依次单击"西塘"、"乌镇"、"南浔"三张幻灯片，作为 PT4. pptx 的第七、八、九张幻灯片。如图 4 - 42 所示。

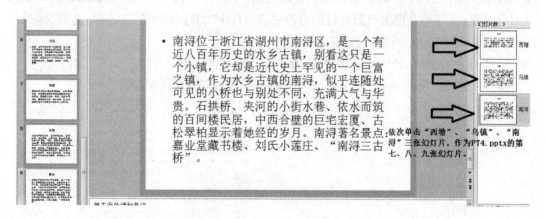

图 4 - 42　"插入幻灯片"设置

2. 所有幻灯片背景填充"画布"纹理，设置所有幻灯片切换效果水平百叶窗。

操作步骤 1：在"设计"选项卡中的"背景"组中单击"背景样式"按钮，在下拉列表框中选择"设置背景格式"命令，打开"设置背景格式"对话框，在"设置背景格式"对话框"填充"选项卡中，单击选中"图片或纹理填充"单选按钮，在"纹理"右侧的下拉列表框中选择第一行第二列的"画布"纹理，单击"全部应用"按钮，单击"关闭"按钮。

操作步骤 2：在"切换"选项卡中的"切换到此幻灯片"组中，单击样式框的"其它"按钮 ，打开幻灯片切换样式列表，选择"华丽型"下方的"百叶窗"切换效果，在"切换"选项卡中的"切换到此幻灯片"组中，单击"效果选项"按钮，下拉列框中选择"水平"命令。在"切换"选项卡中的"计时"组中，单击"全部应用"按钮 全部应用 。

3. 在第三张幻灯片文字的下方插入图片"古镇. jpg"，设置图片的退出动画效果为淡出、持续时间为 1 秒。

操作步骤 1：选定第三张幻灯片，在"插入"选项卡中的"图像"组中，单击"图片"按钮，弹出"插入图片"对话框，在 C：盘 EXAM4 文件夹中，选择图片"古镇. jpg"插入。适当调整图片位置。

操作步骤 2：选定图片，在"动画"选项卡中的"动画"组中，单击"其他"按钮 ，弹出动画样式库，选择"退出"项的"淡出"命令；在"动画"选项卡中的"计时"组中，"持续时间"右侧的微调框中设置值为 01.00 秒。

4. 为第三张幻灯片表格中的文字创建超链接，分别指向具有相应标题的幻灯片。

操作步骤：选中第三张幻灯片，选中文字"周庄"，在"插入"选项卡中的"链接"组中，单击"超链接"按钮，弹出"插入超链接"对话框。在"链接到："栏下方选择"本文档中的位置"，然后在"请选择文档中的位置"下方选择"4. 周庄"，单击"确定"按钮。同理制作文字"同里"、"角直"、"西塘"、"乌镇"、"南浔"的超链接。

5. 除标题幻灯片外，在其它幻灯片中插入自动更新的日期（样式为"××××年××月××日"）及幻灯片编号。

操作步骤：在"插入"选项卡中的"文本"组中，单击"页眉和页脚"按钮，弹出"页眉和页脚"对话框，选中"日期和时间"复选框，"自动更新"下面的下拉列表框中选择"2017 年 6 月 14 日"（注意：此日期会根据当前的日期自动更新）；选中"幻灯片编号"复选框；选定"标题幻灯片中不显示"复选框，单击"全部应用"按钮。

6. 保存文件 PT4. PPTX，存放于 C：盘 EXAM4 文件夹中。

操作步骤：在"快速访问工具栏"上单击保存按钮 ，完成文件保存。

第五章 Office 2010 模拟考试

本章安排了九套模拟考试题,供学生练习,为通过计算机等级考试打下坚实的基础。在做每套模拟考试题时,必须将相关的素材文件拷贝到 C:盘。例如在练习模拟考试题一时,在 http://lrg.zgz.cn/sx/lny.htm 网站中下载模拟考试题一的素材文件 ks1.zip。将 ks1.zip 压缩文件解压到 C 盘 ks1 文件夹中(右击 ks1.zip 压缩文件,在弹出的快捷菜单中选择"解压到当前文件夹"命令),右击 ks1 文件夹弹出的快捷菜单中选择属性,在弹出的 ks1 属性对话框去掉此文件夹的只读属性。

模拟考试题一

第一题 Word 2010 操作

调入 C 盘 ks1 文件夹中的 ED1.DOCX 文件。参考样张,按下列要求进行操作,如图 5-1 所示。

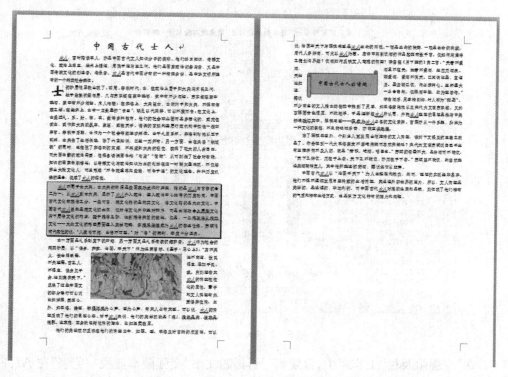

图 5-1 Word 样张

1. 将页面设置为:A4 纸,上、下页边距为 2 厘米,左、右页边距为 3 厘米,每页 40 行,每行 38 个字符;

2. 给文章加标题"中国古代士人",设置其格式为华文新魏、二号字、标准色-深蓝,居中显示,字符间距加宽 6 磅;

3. 设置正文第二段首字下沉 2 行,首字字体为华文新魏,其余段落设置为首行缩进 2 字符;

4. 将正文中所有的"士人"设置为标准色-蓝色、倾斜、双下划线;

5. 参考样张,在正文适当位置插入图片"士人.jpg",设置图片高度为 4 厘米、宽度为 8 厘米,环绕方式为紧密型;

6. 参考样张,在正文适当位置插入"横卷形"形状,添加文字"中国古代士人的情趣",设置其字体格式为:华文新魏、四号字、标准色-深蓝,设置该形状的填充色为标准色-浅绿,形状轮廓为 0.5 磅线条,环绕方式为四周型;

7. 给正文第三段添加标准色-绿色、1.5 磅、带阴影的边框,底纹图案样式为纯色(100%),底纹图案颜色为橄榄色、强调文字颜色 3、淡色 60%;

8. 保存文件 ED1.DOCX,存放于 C 盘 ks1 文件夹中。

第二题　Excel 2010 操作

调入 C 盘 ks1 文件夹中的 EX1.XLSX 文件。参考样张,按下列要求进行操作,如图 5-2 所示。

图 5-2　Excel 样张

1. 在"交强险及税"工作表中,设置第一行标题文字"交强险车船税一览表"在 A1:E1 单元格区域合并后居中,字体格式为幼圆、16 号字、加粗、标准色-蓝色;

2. 在"交强险及税"工作表中,利用填充序列,将 C4:C33 单元格的数据设置为形如"CC101,CC102,……";

3. 在"商业险"工作表中,将第 33 行数据变为第 32 行数据;

4. 在"商业险"工作表的 E 列中,利用公式计算出车辆损失险(车辆损失险＝车价 * 0.9％＋基础保费);

5. 在"商业险"工作表中,按"第三者责任险"进行降序排序,如"第三者责任险"相同则按"附加险"进行降序排序;

6. 在"商险分析"工作表的 G 列中,利用公式计算附加险占比(附加险占比＝商业附加险总计/缴费总计),结果以带 2 位小数的百分比格式显示;

7. 参考样张,在"商险分析"工作表中,根据"附加险占比",生成一张反映前 8 位客户附加险占比情况的"三维簇状柱形图",嵌入当前工作表中,图表上方标题为"附加险占比保费分析",标题字体格式为幼圆、15 号字,无图例,数据标签显示值;

8. 保存文件 EX1. XLSX,存放于 C 盘 ks1 文件夹中。

第三题 PowerPoint 2010 操作

调入 C 盘 ks1 文件夹中的 PT1. PPTX 文件。参考样张,按下列要求进行操作,如图 5-3 所示。

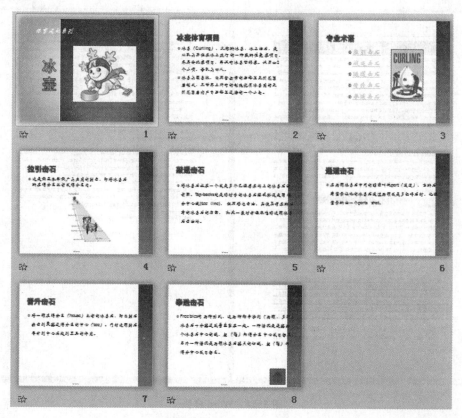

图 5-3 PowerPoint 样张

1. 所有幻灯片应用内置主题"华丽"，所有幻灯片切换效果为摩天轮；

2. 在第一张幻灯片中插入图片"冰壶.jpg"，设置图片高度为 10 厘米、宽度为 12 厘米，图片的位置为：水平方向距离左上角 10 厘米、垂直方向距离左上角 5 厘米，设置该图片的动画效果为：单击时向上浮入；

3. 为第三张幻灯片中带项目符号的文字创建超链接，分别指向具有相应标题的幻灯片；

4. 除标题幻灯片外，在其它幻灯片中插入页脚"体育运动"；

5. 参考样张，在最后一张幻灯片的右下角插入"第一张"动作按钮，单击时超链接到第一张幻灯片，并伴有微风声；

6. 保存文件 PT1. PPTX，存放于 C 盘 ks1 文件夹中。

模拟考试题二

第一题　Word 2010 操作

调入 C 盘 ks2 文件夹中的 ED2. DOCX 文件。参考样张，按下列要求进行操作，如图 5-4 所示。

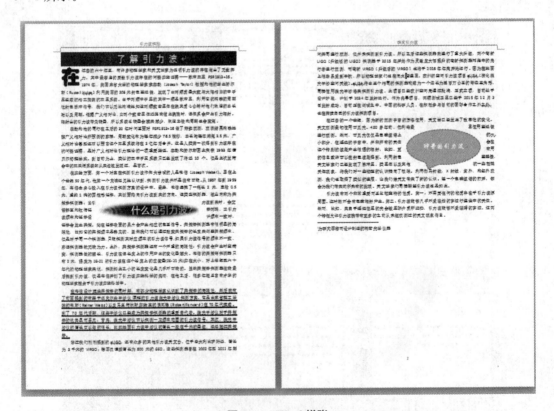

图 5-4　Word 样张

1. 将页面设置为：A4 纸，上、下页边距为 2.3 厘米，左、右页边距为 3 厘米，每页 42 行，

每行 40 个字符;

2. 给文章加标题"了解引力波",设置其格式为华文细黑、二号字,字符间距加宽 5 磅,居中显示,标题段落填充标准色-深蓝底纹;

3. 设置正文第一段首字下沉 3 行,首字字体为华文琥珀、距正文 0.1 厘米,其余各段设置为首行缩进 2 字符;

4. 参考样张,在正文适当位置插入图片"引力波.jpg",设置图片高度、宽度缩放比例均为 55%,图片样式为柔化边缘椭圆,环绕方式为紧密型;

5. 给正文第四段文字添加双下划线,并在该段第二行文字"迈克尔逊干涉仪"后插入尾注,内容为"为研究漂移而设计制造的精密光学仪器";

6. 参考样张,在正文适当位置插入形状"椭圆形标注",添加文字"神奇的引力波",设置其字体格式为:华文行楷、三号字,设置该形状填充色为标准色-浅绿,形状轮廓为 1.5 磅方点虚线,环绕方式为穿越型;

7. 设置首页页眉为"引力波探秘",其余页页眉为"研究引力波",均居中显示,并在所有页的页面底端插入页码,页码样式为"普通数字 2";

8. 保存文件 ED2.DOCX,存放于 C 盘 ks2 文件夹中。

第二题　Excel 2010 操作

调入 C 盘 ks2 文件夹中的 EX2.XLSX 文件。参考样张,按下列要求进行操作,如图 5-5 所示。

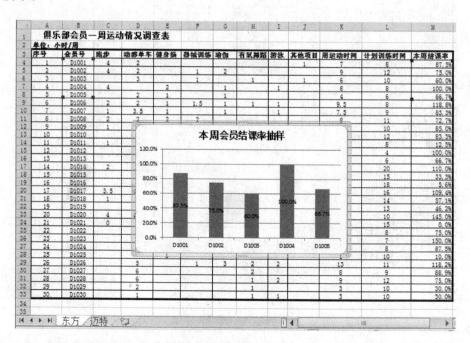

图 5-5　Excel 样张

1. 将 Sheet2 工作表重命名为"迈特",并隐藏"迈特"工作表的 J 列;

2. 在"迈特"工作表中,先按"计划训练时间"降序排序,如"计划训练时间"相同再按"周运动时间"降序排序；

3. 在"东方"工作表中，利用填充序列，将 B4:B33 单元格的数据设置为形如"D1001，D1002，……"；

4. 在"东方"工作表的 K4:K33 单元格中，利用函数计算周运动时间（周运动时间为其左侧八类项目运动时间之和）；

5. 在"东方"工作表的 M4:M33 单元格中，利用公式计算本周结课率（本周结课率＝周运动时间/计划训练时间），结果以带 1 位小数的百分比格式显示；

6. 在"东方"工作表中，设置 A3:M33 单元格区域外框线为最粗实线，内框线为最细实线；

7. 参考样张，在"东方"工作表中，根据会员号前 5 位会员的结课率数据，生成一张"簇状柱形图"，嵌入当前工作表中，图表上方标题为"本周会员结课率抽样"、16 号字，无图例，显示数据标签，并居中放置在数据点上；

8. 保存文件 EX2. XLSX，存放于 C 盘 ks2 文件夹中。

第三题　PowerPoint 2010 操作

调入 C 盘 ks2 文件夹中的 PT2. PPTX 文件。参考样张，按下列要求进行操作，如图 5-6 所示。

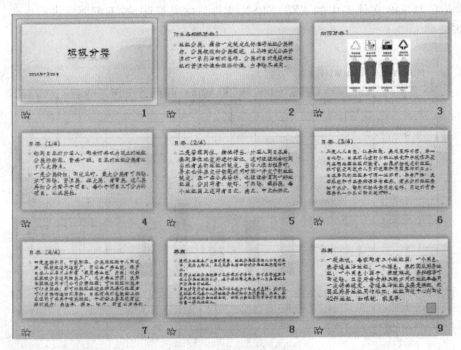

图 5-6　PowerPoint 样张

1. 所有幻灯片应用内置主题"跋涉"，所有幻灯片切换效果为垂直随机线条；

2. 将幻灯片大小设置为全屏显示(16:9)，并为所有幻灯片添加幻灯片编号；

3. 在第一张幻灯片的副标题文本框中插入自动更新的日期（样式为"××××年××

月××日");

4. 将演示文稿 test. pptx 中的图片复制到 PT2. pptx 的第三张幻灯片中,设置图片高度为 10 厘米、宽度为 12 厘米,图片进入的动画效果为:旋转、在上一动画之后开始、延迟 0.5 秒;

5. 在最后一张幻灯片的右下角插入"自定义"动作按钮,单击时超链接到第一张幻灯片,并伴有风铃声;

6. 保存文件 PT2. PPTX,存放于 C 盘 ks2 文件夹中。

模拟考试题三

第一题　Word 2010 操作

调入 C 盘 ks3 文件夹中的 ED3. DOCX 文件。参考样张,按下列要求进行操作,如图 5-7 所示。

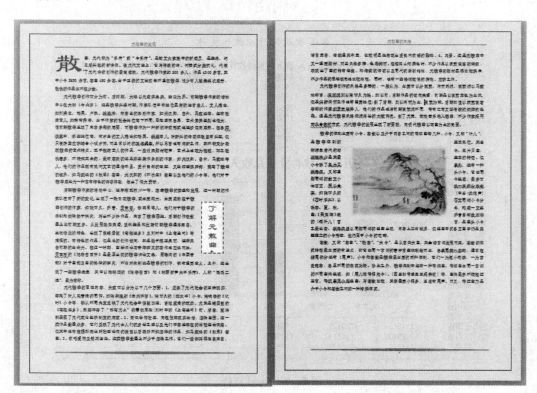

图 5-7　Word 样张

1. 将页面设置为:A4 纸,上、下页边距为 2.5 厘米,左、右页边距为 3 厘米,每页 42 行,每行 40 个字符;

2. 设置页面颜色为:白色、背景 1、深色 5%,页面边框为:方框、标准色-深红、1.5 磅;

3. 设置正文第一段首字下沉 3 行、距正文 0.1 厘米,首字字体为隶书、标准色-蓝色,其余各段设置为首行缩进 2 字符；

4. 将正文中所有的"散曲"设置为标准色-蓝色、加粗、加着重号；

5. 参考样张，在正文适当位置插入竖排文本框，添加文字"了解元散曲"，设置其字体格式为：隶书、二号字、标准色－绿色，设置文本框的形状轮廓为：标准色－深红、1.5 磅、短划线虚线，环绕方式为四周型；

6. 参考样张，在正文适当位置插入图片"元散曲.jpg"，设置图片高度、宽度缩放比例均为 50％，环绕方式为四周型，图片样式为柔化边缘矩形；

7. 设置奇数页页眉为"元散曲的发展"，偶数页页眉为"元散曲的风格"，均居中显示，并在所有页的页面底端插入页码，页码样式为"粗线"；

8. 保存文件 ED3. DOCX，存放于 C 盘 ks3 文件夹中。

第二题　Excel 2010 操作

调入 C 盘 ks3 文件夹中的 EX3. XLSX 文件。参考样张，按下列要求进行操作，如图 5-8 所示。

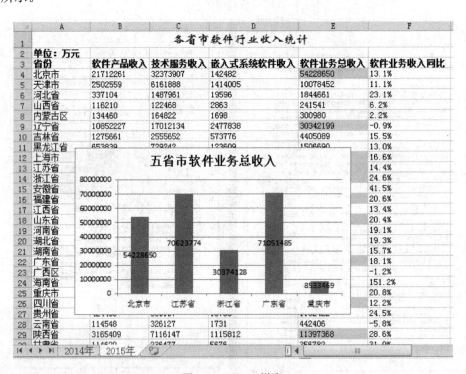

图 5-8　Excel 样张

1. 在"2014 年"工作表中，设置第一行标题文字"各省市软件行业收入统计"在 A1:E1 单元格区域合并后居中，字体格式为华文新魏、16 号字；

2. 将"2014 年"工作表 D 列的列宽设为 15；

3. 在"2014 年"工作表的 E 列中，利用公式计算软件业务总收入（软件业务总收入为其左侧三项收入之和）；

4. 在"2014 年"工作表中，设置 A3:E33 单元格区域外框线为最粗实线，内框线为最细实线；

5. 在"2015 年"工作表的 F 列中,引用"2014 年"工作表中的数据,利用公式计算软件业务收入同比(软件业务收入同比＝(2015 年软件业务总收入－2014 年软件业务总收入)/2014 年软件业务总收入),结果以带 1 位小数的百分比格式显示;

6. 在"2015 年"工作表的 E 列中,利用条件格式,将软件业务总收入最高的 10 项设置为浅红色填充;

7. 参考样张,在"2015 年"工作表中,生成一张反映五个省市(北京市、江苏省、浙江省、广东省、重庆市)"软件业务总收入"的"簇状柱形图",嵌入当前工作表中,图表上方标题为"五省市软件业务总收入"、16 号字,无图例,显示数据标签、并居中放置在数据点上;

8. 保存文件 EX3. XLSX,存放于 C 盘 ks3 文件夹中。

第三题　PowerPoint 2010 操作

调入 C 盘 ks3 文件夹中的 PT3. PPTX 文件。参考样张,按下列要求进行操作,如图 5-9 所示。

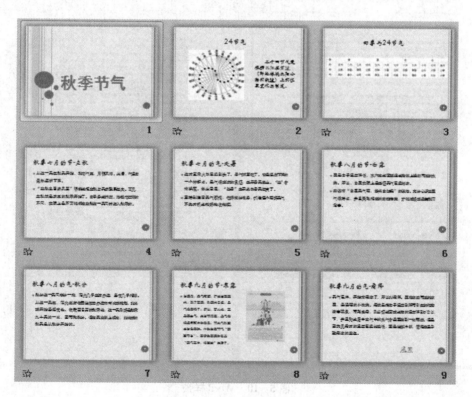

图 5-9　PowerPoint 样张

1. 所有幻灯片背景填充"羊皮纸"纹理,除标题幻灯片外,为其它幻灯片添加幻灯片编号;

2. 交换第一张和第二张幻灯片,并将文件 memo. txt 中的内容作为第三张幻灯片的备注;

3. 在第八张幻灯片中插入图片"寒露. jpg",设置图片的动画效果为动作路径-循环;

4. 利用幻灯片母版,设置所有"标题和内容"版式幻灯片的标题字体格式为:华文新魏、40 号字,标题的动画效果为单击时自顶部飞入;

5. 将幻灯片大小设置为 35 毫米幻灯片,并为最后一张幻灯片中的文字"返回"创建超链接,单击指向第一张幻灯片;

6. 保存文件 PT3. PPTX,存放于 C 盘 ks3 文件夹中。

模拟考试题四

第一题　Word 2010 操作

调入 C 盘 ks4 文件夹中的 ED4. DOCX 文件。参考样张,按下列要求进行操作,如图 5-10 所示。

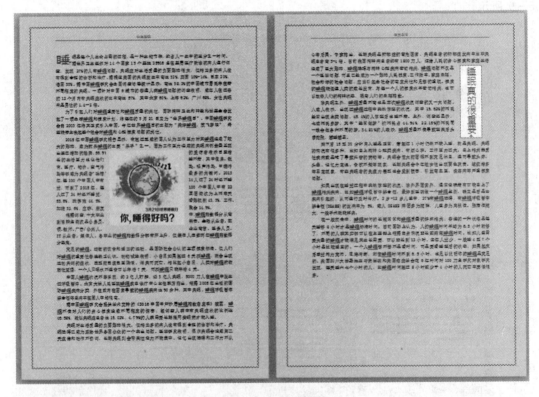

图 5-10　Word 样张

1. 将页面设置为:A4 纸,上、下、左、右页边距均为 3 厘米,每页 42 行,每行 40 个字符;

2. 设置页面颜色为:主题颜色-橄榄色、强调文字颜色 3、淡色 60%,页面边框为:方框、单波浪线、标准色-蓝色、1.5 磅;

3. 设置正文第一段首字下沉 2 行,首字字体为隶书、标准色-蓝色,其余各段设置为首行缩进 2 字符;

4. 将正文中所有的"睡眠"设置为标准色-红色、加粗、双下划线;

5. 参考样张,在正文适当位置插入图片 sleep. jpg,设置图片高度、宽度缩放比例均为 80%,环绕方式为四周型;

6. 参考样张,在正文适当位置插入竖排文本框,添加文字"睡眠真的很重要",设置其字体格式为:幼圆、二号字、标准色-红色,设置文本框的形状轮廓为:1.5 磅、标准色-绿色、方点虚线,环绕方式为紧密型;

7. 设置奇数页页眉为"关注睡眠",偶数页页眉为"健康生活",均居中显示,并在所有页的页面底端插入页码,页码样式为"普通数字 2";

8. 保存文件 ED4. DOCX,存放于 C 盘 ks4 文件夹中。

第二题　Excel 2010 操作

调入 C 盘 ks4 文件夹中的 EX4. XLSX 文件。参考样张,按下列要求进行操作,如图 5-11 所示。

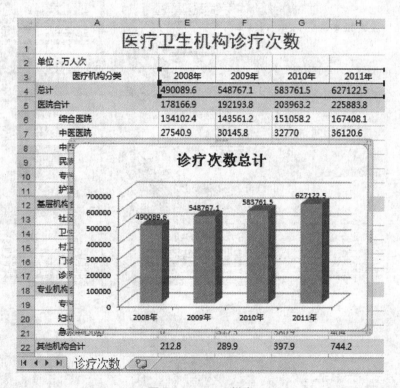

图 5-11 Excel 样张

1. 将 Sheet1 工作表重命名为"诊疗次数";

2. 在"诊疗次数"工作表中,设置第一行标题文字"医疗卫生机构诊疗次数"在 A1:H1 单元格区域合并后居中,字体格式为黑体、22 号字、标准色-红色;

3. 在"诊疗次数"工作表的第 5、12、18、22 行中,利用公式分别计算各类医疗机构合计值(合计值为其下方相应数据之和);

4. 在"诊疗次数"工作表的第 4 行中,利用公式分别计算诊疗次数总计值(总计=医院合计+基层机构合计+专业机构合计+其他机构合计);

5. 参考样张,将"诊疗次数"工作表的 A4:H4 单元格区域背景色设置为标准色-黄色;

6. 在"诊疗次数"工作表中,隐藏 B、C、D 列数据;

7. 参考样张,在"诊疗次数"工作表中,根据"总计"数据,生成一张"三维簇状柱形图",嵌入当前工作表中,图表上方标题为"诊疗次数总计",采用图表样式 5,无图例,数据标签显示值;

8. 保存文件 EX4. XLSX,存放于 C 盘 ks4 文件夹中。

第三题　　PowerPoint 2010 操作

调入 C 盘 ks4 文件夹中的 PT4. PPTX 文件。参考样张,按下列要求进行操作,如图 5-12 所示。

图 5-12　PowerPoint 样张

1. 将所有幻灯片背景设置为图片 back. jpg,所有幻灯片切换效果为棋盘(自顶部)、持续时间为 2 秒;

2. 在第一张幻灯片中插入艺术字"走进联合国",采用第五行第三列样式(填充-红色、

强调文字颜色 2、暖色粗糙棱台),设置艺术字字体格式为华文行楷、72 号字;

3. 在第四张幻灯片中插入图片 flag.jpg,并设置图片进入的动画效果为:自左侧擦除、在上一动画之后开始、延迟 1 秒;

4. 将"旗帜介绍.txt"中的全部内容作为第四张幻灯片的备注;

5. 为第五张幻灯片中带项目符号的文字创建超链接,分别指向具有相应标题的幻灯片;

6. 保存文件 PT4.PPTX,存放于 C 盘 ks4 文件夹中。

模拟考试题五

第一题　Word 2010 操作

调入 C 盘 ks5 文件夹中的 ED5.DOCX 文件。参考样张,按下列要求进行操作,如图 5 - 13 所示。

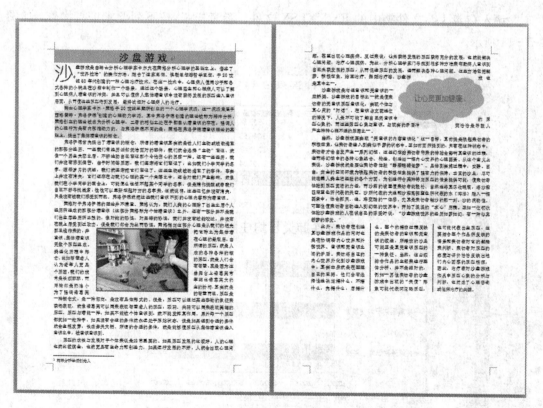

图 5 - 13　Word 样张

1. 将页面设置为:A4 纸,上、下页边距为 2.2 厘米,左、右页边距为 3 厘米,每页 45 行,每行 40 个字符;

2. 给文章加标题"沙盘游戏",设置其格式为黑体、二号字、字符间距加宽 3 磅,居中显示,标题段落填充标准色-浅绿底纹;

3. 设置正文第一段首字下沉 3 行,首字字体为幼圆、距正文 0.2 厘米,其余各段设置为首行缩进 2 字符;

4. 将正文第二段文字以黄色突出显示,并在该段第一个"弗洛伊德"后插入脚注:精神分析学派创始人;

提示:在"开始"选项卡中的"字体"组中单击"以不同颜色突出显示文本"按钮。

5. 参考样张,在正文适当位置插入图片"沙盘.jpg",给图片添加 3 磅标准色-绿色的边框,设置图片高度、宽度缩放比例均为 70%,环绕方式为四周型;

6. 参考样张,在正文适当位置插入"云形"形状,添加文字"让心灵更加健康",设置其字体格式为:微软雅黑、三号字、标准色-绿色,设置该形状的填充色为标准色-橙色,无轮廓,环绕方式为紧密型;

7. 将正文最后一段分为等宽的三栏,栏间加分隔线;

8. 保存文件 ED5.DOCX,存放于 C 盘 ks5 文件夹中。

第二题　Excel 2010 操作

调入 C 盘 ks5 文件夹中的 EX5.XLSX 文件。参考样张,按下列要求进行操作,如图 5-14 所示。

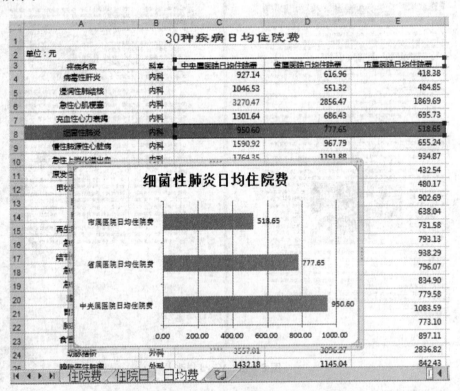

图 5-14　Excel 样张

1. 将 Sheet1 工作表改名为"日均费",设置第一行标题文字"30 种疾病日均住院费"在 A1:E1 单元格区域合并后居中,字体格式为隶书、18 号字、标准色-红色;

2. 在"日均费"工作表的 C、D、E 列中，引用"住院费"和"住院日"工作表中的数据，利用公式分别计算三类医院 30 种疾病日均住院费（日均住院费＝平均住院医药费用/平均住院日），结果保留 2 位小数；

3. 在"日均费"工作表中，利用条件格式，将 C 列排名前 10 的数据设置为标准色-红色；

4. 参考样张，将"日均费"工作表 A8:E8 单元格区域背景色设置为标准色-浅蓝；

5. 在"住院费"工作表的 F 列中，利用 IF 函数，给对应 E 列中数值大于 10000 的记录添加备注"补贴"，否则为空白；（提示：空白指一个或多个空格）

6. 在"住院费"工作表中，设置 A3:F33 单元格区域外框线为最粗实线、内框线为最细实线，线条颜色均为标准色-绿色；

7. 参考样张，在"日均费"工作表中，根据三类医院"细菌性肺炎"的日均住院费，生成一张"簇状条形图"，嵌入当前工作表中，图表上方标题为"细菌性肺炎日均住院费"，采用图表样式 7，无图例，显示数据标签，并放置在数据点结尾之外；

8. 保存文件 EX5. XLSX，存放于 C 盘 ks5 文件夹中。

第三题　PowerPoint 2010 操作

调入 C 盘 ks5 文件夹中的 PT5. PPTX 文件。参考样张，按下列要求进行操作，如图 5-15 所示。

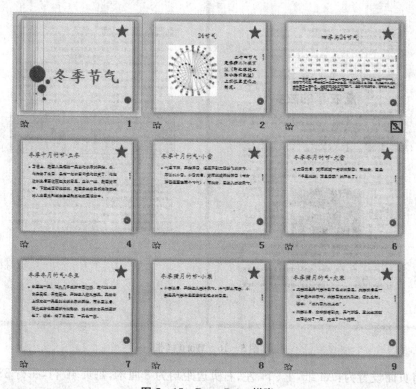

图 5-15　PowerPoint 样张

1. 将第一张幻灯片版式更改为"标题幻灯片"，并设置幻灯片放映方式为"循环放映，按

ESC 键终止";

2. 在第二张幻灯片中插入图片"节气. jpg",设置图片水平方向距离左上角为 3 厘米,垂直方向距离左上角为 5 厘米,图片进入动画效果为:劈裂(中央向上下展开);

3. 将所有幻灯片背景设置为"新闻纸"纹理,所有幻灯片切换效果为自左侧揭开;

4. 隐藏第三张幻灯片,除标题幻灯片外,在其它幻灯片中插入幻灯片编号和页脚,页脚内容为"四季节气";

5. 利用幻灯片母版,在所有幻灯片的右上角插入"五角星"形状,单击该形状,超链接指向第一张幻灯片;

6. 保存文件 PT5. PPTX,存放于 C 盘 ks5 文件夹中。

模拟考试题六

第一题　Word 2010 操作

调入 C 盘 ks6 文件夹中的 ED6. DOCX 文件。参考样张,按下列要求进行操作,如图 5－16 所示。

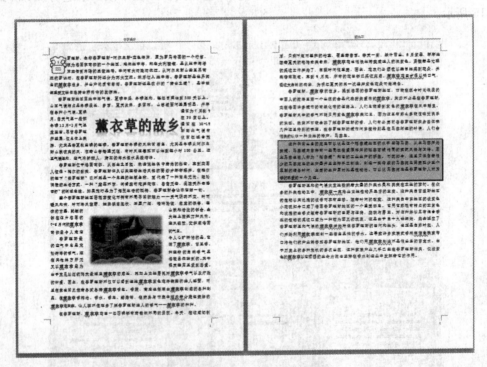

图 5－16　Word 样张

1. 将页面设置为:A4 纸,上、下、左、右页边距均为 3 厘米,每页 40 行,每行 38 个字符;

2. 设置正文第一段首字下沉 3 行,首字字体为华文彩云、标准色-紫色,其余各段设置为首行缩进 2 字符;

3. 将正文中所有的"薰衣草"设置为标准色-紫色、加粗、加着重号;

4. 参考样张,在正文适当位置插入艺术字"薰衣草的故乡",艺术字样式采用渐变填充-紫色、强调文字颜色 4、映像,环绕方式为紧密型;

5. 参考样张,在正文适当位置插入图片"薰衣草.jpg",设置图片高度、宽度缩放比例均为 90%,图片样式为柔化边缘矩形,环绕方式为四周型;

6. 给正文倒数第二段添加标准色-紫色、1.5 磅、带阴影的边框,底纹填充主题颜色-紫色、强调文字颜色 4、淡色 60%;

7. 设置奇数页页眉为"普罗旺斯",偶数页页眉为"薰衣草",均居中显示,并在所有页的页面底端插入页码,页码样式为"普通数字 3";

8. 保存文件 ED6.DOCX,存放于 C 盘 ks6 文件夹中。

第二题　Excel 2010 操作

调入 C 盘 ks6 文件夹中的 EX6.XLSX 文件。参考样张,按下列要求进行操作,如图 5-17 所示。

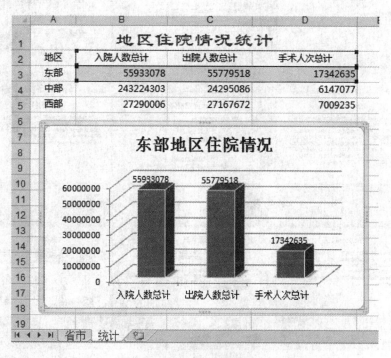

图 5-17　Excel 样张

1. 将 Sheet1 工作表改名为"省市",Sheet2 工作表改名为"统计";

2. 在"省市"工作表中,设置第一行标题文字"各省市住院服务情况"在 A1:K1 单元格区域合并后居中,字体格式为隶书、22 号字、标准色-红色;

3. 在"省市"工作表的 C、F、I 列中,利用公式分别统计各省市"入院人数"、"出院人数"、"手术人次"的合计值(合计值为公立与民营之和);

4. 在"省市"工作表中,将表格中数据按"地区"升序排序;

5. 在"统计"工作表的第 3 行,引用"省市"工作表中的数据,利用公式分别统计东部地区的三项总计值(总计值为东部地区所属省市合计值之和);

6. 参考样张,将"统计"工作表 B3:D3 单元格区域的背景色设置为标准色-黄色;

7. 参考样张,在"统计"工作表中,根据东部地区三项总计数据,生成一张"三维簇状柱形图",嵌入当前工作表中,要求图表上方标题为"东部地区住院情况",采用图表样式 10,无图例,数据标签显示值;

8. 保存文件 EX6.XLSX,存放于 C 盘 ks6 文件夹中。

第三题 PowerPoint 2010 操作

调入 C 盘 ks6 文件夹中的 PT6.PPTX 文件。参考样张,按下列要求进行操作,如图 5-18 所示。

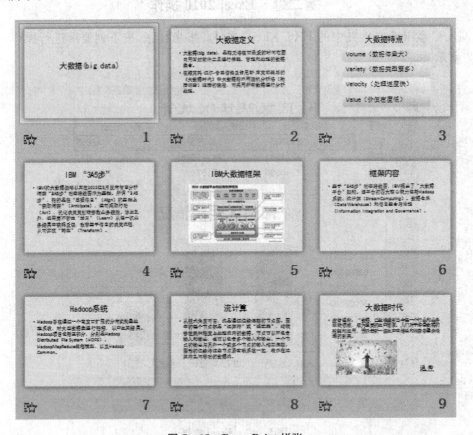

图 5-18 PowerPoint 样张

1. 所有幻灯片背景填充新闻纸纹理,除标题幻灯片外,为其它幻灯片添加幻灯片编号;

2. 交换第一张和第二张幻灯片,并将文件 memo.txt 中的内容作为第三张幻灯片的备注;

3. 在第五张幻灯片文字下方插入图片 pic06.jpg,设置图片的动画效果为向左弯曲的动作路径;

4. 利用幻灯片母版,设置所有幻灯片标题字体格式为黑体、48 号字,所有标题的动画效果为单击时自右侧飞入；

5. 将幻灯片大小设置为 35 毫米幻灯片，并为最后一张幻灯片中的文字"返回"创建超链接，单击指向第一张幻灯片；

6. 保存文件 PT6. PPTX，存放于 C 盘 ks6 文件夹中。

模拟考试题七

第一题 Word 2010 操作

调入 C 盘 ks7 文件夹中的 ED7. DOCX 文件。参考样张，按下列要求进行操作，如图 5-19 所示。

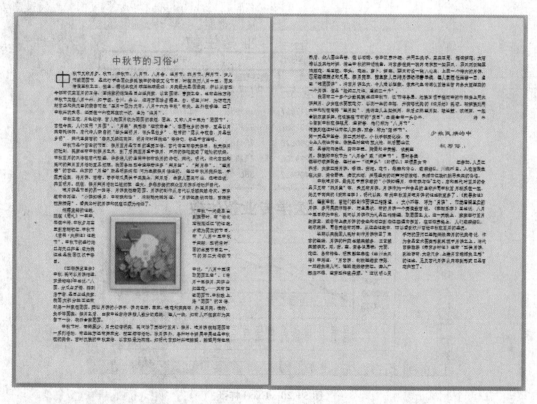

图 5-19 Word 样张

1. 将页面设置为：A4 纸，上、下、左、右页边距均为 3 厘米，每页 45 行，每行 42 个字符；

2. 给文章加标题"中秋节的习俗"，设置其格式为黑体、二号字、标准色-红色，居中显示，设置标题段落段后间距 0.5 行；

3. 设置正文第一段首字下沉 3 行，首字字体为幼圆、距正文 0.1 厘米，其余各段设置为首行缩进 2 字符；

4. 参考样张，在正文适当位置插入图片"中秋. jpg"，设置图片高度、宽度缩放比例均为 60%，图片样式为金属框架，环绕方式为四周型；

5. 将正文第二段中的文字以标准色-黄色突出显示,并将页面颜色设置为主题颜色-蓝色、强调文字颜色1、淡色80%;

6. 参考样张,在正文适当位置插入形状"椭圆形标注",添加文字"少数民族的中秋习俗",设置其字体格式为:隶书、三号字、标准色-红色,设置该形状的填充色为标准色-黄色,无轮廓,环绕方式为紧密型;

7. 将正文最后一段分为等宽的两栏,栏间加分隔线;

8. 保存文件 ED7.DOCX,存放于 C 盘 ks7 文件夹中。

第二题　Excel 2010 操作

调入 C 盘 ks7 文件夹中的 EX7.XLSX 文件。参考样张,按下列要求进行操作,如图 5-20 所示。

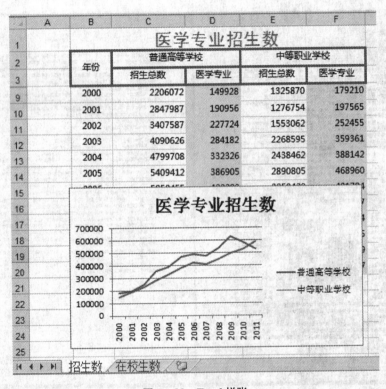

图 5-20　Excel 样张

1. 在"招生数"工作表中,设置第一行标题文字"医学专业招生数"在 B1:F1 单元格区域合并后居中,字体格式为黑体、18 号字、标准色-绿色;

2. 在"招生数"工作表中,设置 D4:D20、F4:F20 单元格区域的背景色为标准色-黄色;

3. 在"招生数"工作表中,隐藏 2000 年前的数据;

4. 在"在校生数"工作表的 E4:E20 和 H4:H20 单元格中,利用公式分别计算两类学校历年医学专业占比(医学专业占比=医学专业/在校生总数),结果以带 2 位小数的百分比格式显示;

5. 在"在校生数"工作表的 F21、G21 单元格中,利用函数计算对应列的合计值;

6. 在"在校生数"工作表中,设置 B4:H21 单元格区域外框线为双线、标准色-蓝色;

7. 参考样张,在"招生数"工作表中,根据两类学校"医学专业"人数,生成一张"折线图",嵌入当前工作表中,要求水平(分类)轴标签为年份数据,图表上方标题为"医学专业招生数",图例项分别为"普通高等学校"和"中等职业学校";

8. 保存文件 EX7. XLSX,存放于 C 盘 ks7 文件夹中。

第三题　PowerPoint 2010 操作

调入 C 盘 ks7 文件夹中的 PT7. PPTX 文件。参考样张,按下列要求进行操作,如图 5-21 所示。

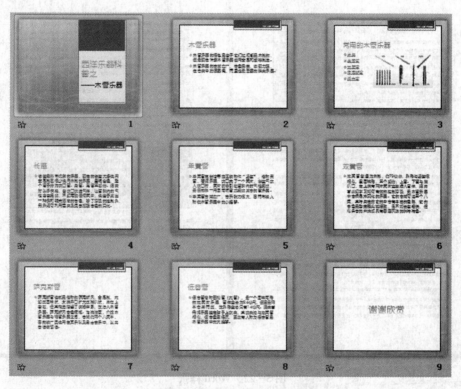

图 5-21　PowerPoint 样张

1. 所有幻灯片应用内置主题"奥斯汀",所有幻灯片切换效果为自左侧推进;

2. 为第三张幻灯片中带项目符号的文字创建超链接,分别指向具有相应标题的幻灯片;

3. 在第三张幻灯片中插入图片"乐器.jpg",设置图片高度、宽度缩放比例均为 90%,动画效果为:单击时自左侧飞入,并伴有照相机声音;

4. 除标题幻灯片外,在其它所有幻灯片中插入自动更新的日期(样式为"××××年××月××日");

5. 在最后一张幻灯片中,插入艺术字"谢谢欣赏",设置艺术字样式为渐变填充-橙色、强调文字颜色 6、内部阴影;

6. 保存文件 PT7. PPTX,存放于 C 盘 ks7 文件夹中。

模拟考试题八

第一题　Word 2010 操作

调入 C 盘 ks8 文件夹中的 ED8. DOCX 文件。参考样张,按下列要求进行操作,如图 5-22 所示。

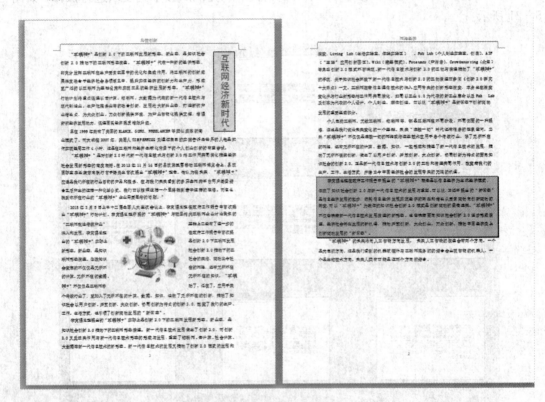

图 5-22　Word 样张

1. 将页面设置为:A4 纸,上、下页边距为 2.5 厘米,左、右页边距为 3 厘米,每页 45 行,每行 40 个字符;

2. 参考样张,在正文适当位置插入竖排文本框,添加文字"互联网经济新时代",设置其字体格式为:黑体、二号字、标准色-深红,设置文本框形状填充为"蓝色面巾纸"纹理,环绕方式为紧密型;

3. 设置正文所有段落首行缩进 2 字符,1.25 倍行距;

4. 将正文中所有的"互联网+"设置为标准色-红色、加粗、加着重号;

5. 参考样张,在正文适当位置插入图片 net. jpg,设置图片高度、宽度缩放比例均为 150%,环绕方式为四周型;

6. 给正文倒数第二段添加 1.5 磅、标准色-蓝色、带阴影的边框,填充标准色-橙色底纹；

7. 设置奇数页页眉为"科技创新"，偶数页页眉为"网络经济"，均居中显示，并在所有页的页面底端插入页码，页码样式为"普通数字 2"；

8. 保存文件 ED8.DOCX，存放于 C 盘 ks8 文件夹中。

第二题　Excel 2010 操作

调入 C 盘 ks8 文件夹中的 EX8.XLSX 文件。参考样张，按下列要求进行操作，如图 5-23 所示。

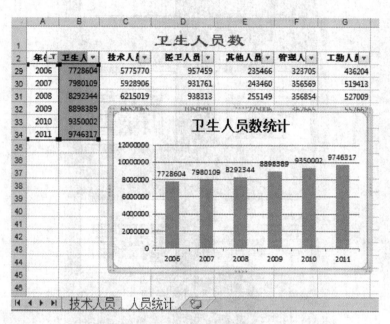

图 5-23　Excel 样张

1. 在"技术人员"工作表中，设置 A2:F34 单元格区域外框线为最粗实线、内框线为最细实线，线条颜色均为标准色-蓝色；

2. 将 Sheet1 工作表改名为"人员统计"，设置第一行标题文字"卫生人员数"在 A1:G1 单元格区域合并后居中，字体格式为隶书、24 号字、标准色-蓝色；

3. 在"人员统计"工作表的 C 列中，引用"技术人员"工作表中的数据，利用公式统计 1980 年到 2011 年技术人员数量（技术人员＝助理医师＋执业医师＋护士＋药师＋检验师）；

4. 在"人员统计"工作表的 B 列中，利用公式分别统计 1980 年到 2011 年卫生人员数量（卫生人员为其右侧 5 项之和）；

5. 将"人员统计"工作表中 B2:B34 单元格区域背景色设置为标准色-橙色；

6. 在"人员统计"工作表中，筛选出 2006 年及以后的数据；

7. 参考样张，在"人员统计"工作表中，根据筛选出的"卫生人员"，生成一张"簇状柱形图"，嵌入当前工作表中，要求水平（分类）轴标签为年份数据，图表上方标题为"卫生人员数统计"，采用图表样式 4，无图例，显示数据标签、并放置在数据点结尾之外；

8. 保存文件 EX8.XLSX，存放于 C 盘 ks8 文件夹中。

第三题　PowerPoint 2010 操作

调入 C 盘 ks8 文件夹中的 PT8.PPTX 文件。参考样张,按下列要求进行操作,如图 5-24 所示。

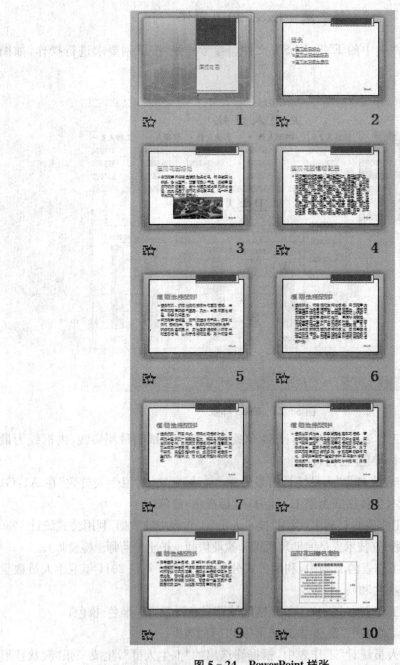

图 5-24　PowerPoint 样张

1. 所有幻灯片应用主题 Moban08. potx,所有幻灯片切换效果为棋盘;
2. 为第二张幻灯片中带项目符号的文字创建超链接,分别指向具有相应标题的幻灯片；

3. 在第三张幻灯片文字下方插入图片 pic08. jpg，设置高度为 5 厘米、宽度为 12 厘米，动画效果为：单击时跷跷板；

4. 除标题幻灯片外，在其它幻灯片中插入幻灯片编号和页脚，页脚内容为：屋顶花园；

5. 在最后一张幻灯片中，以图片形式插入 book08. xlsx 中"最受欢迎的屋顶花园"的条形图表，并设置其高度和宽度缩放比例均为 120%；

6. 保存文件 PT8. PPTX，存放于 C 盘 ks8 文件夹中。

模拟考试题九

第一题　Word 2010 操作

调入 C 盘 ks9 文件夹中的 ED9. DOCX 文件。参考样张，按下列要求进行操作，如图 5 - 25 所示。

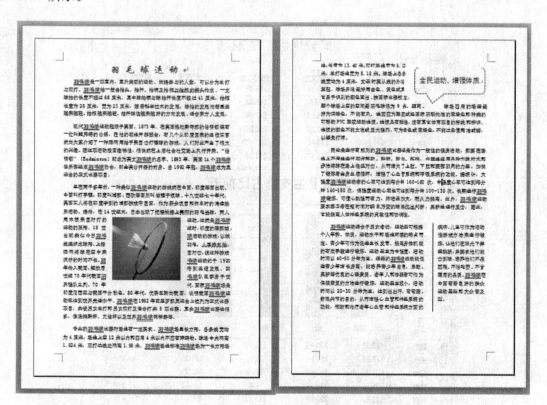

图 5 - 25　Word 样张

1. 将页面设置为：16 开纸，上、下页边距为 2.5 厘米，左、右页边距为 3 厘米，每页 36 行，每行 35 个字符；

2. 给文章加标题"羽毛球运动"，设置其格式为华文行楷、二号字、标准色-红色、字符间距加宽 4 磅，居中显示；

3. 将正文所有段落设置为首行缩进 2 字符,段后间距 0.5 行;

4. 将正文中所有的"羽毛球"设置为标准色-绿色、加粗、双下划线;

5. 给页面添加标准色-绿色、1.5 磅、带阴影的边框,并将正文最后一段分为偏右两栏,栏间加分隔线;

6. 参考样张,在正文适当位置插入图片"羽毛球.jpg",设置图片高度、宽度缩放比例均为 35%,环绕方式为四周型;

7. 参考样张,在正文适当位置插入"圆角矩形标注",添加文字"全民运动,增强体质",设置其字体格式为黑体、四号字、标准色-红色,设置该形状轮廓为标准色-红色、方点虚线,无填充颜色,环绕方式为紧密型;

8. 保存文件 ED9.DOCX,存放于 C 盘 ks9 文件夹中。

第二题　Excel 2010 操作

调入 C 盘 ks9 文件夹中的 EX9.XLSX 文件。参考样张,按下列要求进行操作,如图 5-26 所示。

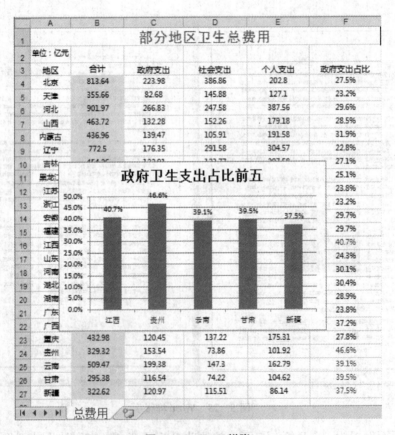

图 5-26　Excel 样张

1. 将 Sheet1 工作表重命名为"总费用";

2. 在"总费用"工作表中,设置第一行标题文字"部分地区卫生总费用"在 A1:F1 单元

格区域合并后居中,字体格式为黑体、18 号字、标准色-蓝色;

3. 在"总费用"工作表的 B 列中,利用公式分别计算各地区卫生费用合计(合计=政府支出+社会支出+个人支出);

4. 在"总费用"工作表的 F 列中,利用公式分别计算各地区政府支出占比(政府支出占比=政府支出/合计),结果以带 1 位小数的百分比格式显示;

5. 参考样张,将"总费用"工作表 B4:B27 单元格区域背景色设置为标准色-黄色;

6. 在"总费用"工作表中,利用条件格式,将"政府支出占比"排名前 5 的数据设置为标准色-红色;

7. 参考样张,在"总费用"工作表中,根据"政府支出占比"排名前 5 的数据,生成一张"簇状柱形图",嵌入当前工作表中,图表上方标题为"政府卫生支出占比前五",采用图表样式 4,无图例,显示数据标签、并放置在数据点结尾之外;

8. 保存文件 EX9.XLSX,存放于 C 盘 ks9 文件夹中。

第三题 PowerPoint 2010 操作

调入 C 盘 ks9 文件夹中的 PT9.PPTX 文件。参考样张,按下列要求进行操作,如图5-27 所示。

图 5 - 27 PowerPoint 样张

1. 所有幻灯片应用主题 moban09.potx,设置主题中超链接颜色为标准色-蓝色;并设置所有幻灯片的切换效果为自左侧擦除;

2. 将幻灯片大小设置为 35 毫米幻灯片,除标题幻灯片外,在其它幻灯片中插入幻灯片

编号和页脚,页脚内容为"仓鼠种类介绍";

3. 在第一张幻灯片中插入图片 hamster.jpg,设置图片水平、垂直方向距离左上角均为3.5 厘米,图片的动画效果为单击时弹跳进入,并伴有鼓掌声;

4. 为第三张幻灯片中带项目符号的文字创建超链接,分别指向具有相应标题的幻灯片;

5. 在最后一张幻灯片的左下角插入"信息"动作按钮,单击该按钮,超链接指向网址 http://www.cangshu.com;

6. 保存文件 PT9.PPTX,存放于 C 盘 ks9 文件夹中。

参考文献

［1］ 周智文,等.计算机应用基础第 2 版［M］.北京:机械工业出版社,2009.

［2］ 王必友,等.大学计算机信息技术实验指导第五版［M］.南京:南京大学出版社,2010.

［3］ 刘升贵,等.计算机应用基础［M］.北京:机械工业出版社,2010.

［4］ 周贺来,等.办公自动化实例教程［M］.北京:机械工业出版社,2009.

［5］ 郑玮民,等.计算机应用基础 Word 2010［M］.北京:中央广播电视大学出版社,2013.

［6］ 李会芳,等.计算机应用实验教程第 2 版［M］.苏州:苏州大学出版社,2010.

［7］ 罗晓娟,等.计算机应用基础(Windows 7＋Office 2010)［M］.北京:中国铁道出版社,2013.